走向 TensorFlow 2.0
深度学习应用编程快速入门

赵英俊 / 著

电子工业出版社
Publishing House of Electronics Industry
北京·BEIJING

内 容 简 介

本书是TensorFlow 2.0编程实践的入门类书籍，目的是在TensorFlow 2.0正式版发布之际能够帮助大家快速了解其核心特性及基本编程技巧。本书通过5个常用的人工智能编程案例，帮助大家掌握如何在工作中使用TensorFlow 2.0进行应用开发。

本书内容覆盖了 Python 和 TensorFlow 基础入门、自然语言处理和 CV 领域的实践案例、模型的服务化部署，希望在基于 TensorFlow 2.0 的人工智能编程上能够助你一臂之力。

未经许可，不得以任何方式复制或抄袭本书之部分或全部内容。
版权所有，侵权必究。

图书在版编目（CIP）数据

走向 TensorFlow 2.0：深度学习应用编程快速入门 / 赵英俊著. —北京：电子工业出版社，2019.12
ISBN 978-7-121-37646-7

Ⅰ.①走… Ⅱ.①赵… Ⅲ.①人工智能－算法②人工智能－程序设计 Ⅳ.①TP18

中国版本图书馆 CIP 数据核字（2019）第 234688 号

责任编辑：张春雨
印　　刷：三河市华成印务有限公司
装　　订：三河市华成印务有限公司
出版发行：电子工业出版社
　　　　　北京市海淀区万寿路 173 信箱　　　邮编：100036
开　　本：720×1000　1/16　　印张：10.5　　字数：194 千字
版　　次：2019 年 12 月第 1 版
印　　次：2020 年 9 月第 5 次印刷
定　　价：55.00 元

凡所购买电子工业出版社图书有缺损问题，请向购买书店调换。若书店售缺，请与本社发行部联系，联系及邮购电话：（010）88254888，88258888。

质量投诉请发邮件至 zlts@phei.com.cn，盗版侵权举报请发邮件至 dbqq@phei.com.cn。
本书咨询联系方式：010-51260888-819，faq@phei.com.cn。

推 荐 序

AlphaGo 以 "Master"（大师）作为 ID，横空出世，在中国乌镇围棋峰会上，它与世界围棋冠军柯洁对战，在围棋领域，击败人类精英。

继而，AlphaGo Zero，从空白状态起步，在无任何人类输入的条件下，能够迅速自学围棋，并以 100∶0 的战绩击败人类"前辈"。

机器学习，在尝试以人类经验图谱进行学习时，短短数年，就在围棋领域，击败了拥有几千年沉淀的人类顶尖高手。

如果说这是机器的力量，那么 AlphaGo Zero 在尝试不以人类的经验图谱进行自我深度学习时，产生了另一个质的飞跃，这，就是机器学习的力量。

机器学习作为人工智能的一种类型，可以让软件根据大量的数据来对未来的情况进行阐述或预判。这项技术，可以通过人类经验学习和自我深度学习，帮助人类在各个领域取得突破性进展。如今，领先的科技巨头无不在机器学习方面予以极大投入。Google、苹果、微软、阿里巴巴、百度，无不深度参与，期望成为机器学习技术的铺路者、领路者、践行者。

未来是什么样子的，没人说得清，但是未来在一步步来临的路上，必然有机器学习技术的铺垫。

2011 年，"谷歌大脑"开始开展面向科学研究和工程应用的大规模深度学习。TensorFlow 是 Google 第二代机器学习系统。如今，Google 将此系统开源，并将此系统的参数公布给业界工程师、学者和大量拥有编程能力的技术人员，正是为了让全世界的人都能够从机器学习与人工智能中获益。

TensorFlow 社区，是机器学习领域内最活跃和友善的社区之一。社区的好处，在于学习的路上，有很多人同行，你的任何问题和疑惑，在社区中都能得到相当不错的答案。如果你想了解和学习机器学习，那么 TensorFlow 是一个相当不错的选择。如果你想学习 TensorFlow，那么这本书会让你以最低难度领略机器学习的奥秘。

我可以代表这样一类人，作为多年的技术工作者，在工作中和机器学习也有一些接触，对机器学习有比较浓厚的兴趣。拿到这本书，相见恨晚，翻阅着，用电脑作为武器，按照书中所示，比画着，一招一式中，不觉间就进入了机器学习的奇妙世界。这也使我通过学习机器如何进行自我深度学习，让自己从另一个角度进行思考，得到收获。

英俊的这本书，书如其名，内容英朗俊秀，深入浅出，浅显易懂，思在天地，行在山野。

推荐读者群体：期望入门机器学习的学生、技术工作者及其身边的人。如果你恰好是其中一类人，又读到了这里，这本书请不要错过，因为你阅读的书中项目可能会比 Android 系统更加深远地影响着世界！

阿里巴巴菜鸟网络技术专家　薛巍

中国，杭州

2019 年 9 月

前　　言

坦白地说,在我的技术生涯规划中还未想过要在 30 岁生日之前出一本技术书。在 30 岁这一年里,我感觉有 280 天以上是每天工作超过 12 小时的,每天我积极处理工作上的事情以求在事业上取得成就、学习自己欠缺的技术以求提升能力、输出自己学到的知识以期帮助更多的人;在 30 岁这一年里,我第一次体会到颈椎病带来的痛苦,也将一直引以为傲的视力熬成了近视。之所以如此逼自己,大概是因为自己的不自信和痴痴的责任心在作祟。

创作初衷

最开始筹划这本书的时候,也只是想将自己在小象学院的课程内容整理成书(课程内容是关于 TensorFlow 1.x 的),但是当看到 TensorFlow 2.0 发布计划公布之后,我又觉得写一本关于 TensorFlow 1.x 的书是没有意义的,并且会浪费读者的时间和精力。因此,我彻底推翻书稿原来规划的内容,重新调整所有的知识点,所有的实践案例都用 TensorFlow 2.0 进行重新编程,从而导致交稿日期一拖再拖。说到这里,我要特别感谢电子工业出版社的张春雨老师,他一直在推动、鼓励甚至督促我,使我跌跌撞撞、写写停停完成了初稿、提升稿、提交稿。在本书写作过程中,江郎才尽和被掏空的感觉对我来说是最大的煎熬。我一直是一个喜欢分享知识和观点的人,但是这种成体系的、持续的、面向大众的分享和输出让我对自己的要求不断提高,总是担心如果写错了会误人子弟。这不是一个轻松的过程,尤其是在创业的初期,我首先要做的是全力以赴、出色地完成产品和技术工作,然后用本来就不多的休息时间来完成技术的提升和本书的编写。从一个追求技术深度的技术人员的视角来看,本书不能令我百分百满意,但是万事总要迈出第一步，希望这本书能够为读者带来一定的参考和学习价值。

内容结构

本书在内容规划上分 3 个部分，共 7 章，具体如下。

第 1 部分：编程基础入门，包括 Python 基础编程入门和 TensorFlow 2.0 快速入门知识。

- 第 1 章 Python 基础编程入门：本章阐述了 Python 的历史、基本数据类型、数据处理工具 Pandas、图像处理工具 PIL 等，基本覆盖了在后续章节中要用到的 Python 编程知识和工具。
- 第 2 章 TensorFlow 2.0 快速入门：本章从快速上手的角度，通过 TensorFlow 2.0 的简介、环境搭建、基础知识、高级 API 编程等内容详细讲解了 TensorFlow 2.0 编程所需的知识和技巧。

第 2 部分：TensorFlow 2.0 编程实践，讲解了 4 个编程案例，分别为基于 CNN 的图像识别应用、基于 Seq2Seq 的中文聊天机器人、基于 CycleGAN 的图片风格迁移应用、基于 Transformer 的文本情感分析。

- 第 3 章 基于 CNN 的图像识别应用编程实践：本章介绍了基于 CNN 实现对 CFAIR-10 图像数据的训练以及在线图像分类预测，包括 CNN 基础理论知识、编程中用到的 TensorFlow 2.0 API 详解、项目工程结构设计、项目实现代码详解等。
- 第 4 章 基于 Seq2Seq 的中文聊天机器人编程实践：本章介绍了基于 Seq2Seq 实现对"小黄鸡"对话数据集的训练以及在线中文聊天，包括自然语言模型、RNN（循环神经网络）、Seq2Seq 模型、编程中用到的 TensorFlow 2.0 API 详解、项目工程结构设计、项目实现代码详解等。
- 第 5 章 基于 CycleGAN 的图片风格迁移应用编程实践：本章介绍了基于 CycleGAN 实现对 Apple2Orange 数据集的训练以及图像在线风格迁移，包括 GAN 基础理论知识、CycleGAN 算法原理、编程中用到的 TensorFlow 2.0 API 详解、项目工程结构设计、项目实现代码详解等。

- **第 6 章　基于 Transformer 的文本情感分析编程实践**：本章介绍了基于 Transformer 的变形结构实现对 IMDB 评价数据集的训练以及在线对文本的情感分析和预测，包括 Transformer 基本结构、注意力机制、位置编码、编程中用到的 TensorFlow 2.0 API 详解、项目工程结构设计、项目实现代码详解等。

第 3 部分：TensorFlow 2.0 模型服务化部署，采用 TensorFlow Serving 实现对完成训练的模型进行生产环境的服务化部署。

- **第 7 章　基于 TensorFlow Serving 的模型部署实践**：本章介绍了基于 TensorFlow Serving 框架实现对基于 CNN 的图像分类模型的服务化部署，包括 TensorFlow Serving 框架简介、TensorFlow Serving 环境搭建、编程中用到的 TensorFlow 2.0 API 详解、项目工程结构设计、项目实现代码详解等。

说明：本书第 3~7 章的项目实现代码会在 GitHub 上开源，请从 http://www.broadview.com.cn/37646 下载"参考资料.pdf"来获取地址。

致谢

最后，衷心感谢我的妻子包佳楠，感谢她一直以来的鼓励，以及一丝不苟地校正书稿中的语法错误和错别字，每次当我想要放弃的时候，她总是用几句不轻不重的话语让我重新回到本书的编写中来。

赵英俊

目 录

第1章 Python 基础编程入门 1

1.1 Python 的历史 1
1.1.1 Python 版本的演进 1
1.1.2 Python 的工程应用情况 2
1.2 Python 的基本数据类型 2
1.3 Python 数据处理工具之 Pandas 6
1.3.1 数据读取和存储 7
1.3.2 数据查看和选取 8
1.3.3 数据处理 11
1.4 Python 图像处理工具之 PIL 14
1.4.1 PIL 简介 14
1.4.2 PIL 接口详解 14
1.4.3 PIL 图像处理实践 18

第2章 TensorFlow 2.0 快速入门 21

2.1 TensorFlow 2.0 简介 21
2.2 TensorFlow 2.0 环境搭建 22
2.2.1 CPU 环境搭建 22
2.2.2 基于 Docker 的 GPU 环境搭建 23
2.3 TensorFlow 2.0 基础知识 25
2.3.1 TensorFlow 2.0 Eager 模式简介 25

2.3.2　TensorFlow 2.0 AutoGraph 简介 26
　　2.3.3　TensorFlow 2.0 低阶 API 基础编程 26
2.4　TensorFlow 2.0 高阶 API（tf.keras） 32
　　2.4.1　tf.keras 高阶 API 概览 32
　　2.4.2　tf.keras 高阶 API 编程 34

第 3 章　基于 CNN 的图像识别应用编程实践 36

3.1　CNN 相关基础理论 36
　　3.1.1　卷积神经网络概述 36
　　3.1.2　卷积神经网络结构 36
　　3.1.3　卷积神经网络三大核心概念 38
3.2　TensorFlow 2.0 API 详解 38
　　3.2.1　tf.keras.Sequential 39
　　3.2.2　tf.keras.layers.Conv2D 41
　　3.2.3　tf.keras.layers.MaxPool2D 42
　　3.2.4　tf.keras.layers.Flatten 与 tf.keras.layer.Dense 42
　　3.2.5　tf.keras.layers.Dropout 43
　　3.2.6　tf.keras.optimizers.Adam 43
3.3　项目工程结构设计 44
3.4　项目实现代码详解 44
　　3.4.1　工具类实现 45
　　3.4.2　cnnModel 实现 46
　　3.4.3　执行器实现 48
　　3.4.4　Web 应用实现 52

第 4 章　基于 Seq2Seq 的中文聊天机器人编程实践 55

4.1　NLP 基础理论知识 55
　　4.1.1　语言模型 55
　　4.1.2　循环神经网络 57
　　4.1.3　Seq2Seq 模型 59
4.2　TensorFlow 2.0 API 详解 61

IX

- 4.2.1　tf.keras.preprocessing.text.Tokenizer 61
- 4.2.2　tf.keras.preprocessing.sequence.pad_sequences 62
- 4.2.3　tf.data.Dataset.from_tensor_slices 63
- 4.2.4　tf.keras.layers.Embedding 63
- 4.2.5　tf.keras.layers.GRU 63
- 4.2.6　tf.keras.layers.Dense 65
- 4.2.7　tf.expand_dims 65
- 4.2.8　tf.keras.optimizers.Adam 65
- 4.2.9　tf.keras.losses.SparseCategoricalCrossentropy 66
- 4.2.10　tf.math.logical_not 66
- 4.2.11　tf.concat 66
- 4.2.12　tf.bitcast 67
- 4.3　项目工程结构设计 67
- 4.4　项目实现代码详解 68
  - 4.4.1　工具类实现 68
  - 4.4.2　data_util 实现 69
  - 4.4.3　seq2seqModel 实现 71
  - 4.4.4　执行器实现 77
  - 4.4.5　Web 应用实现 83

第 5 章　基于 CycleGAN 的图像风格迁移应用编程实践 85

- 5.1　GAN 基础理论 85
  - 5.1.1　GAN 的基本思想 85
  - 5.1.2　GAN 的基本工作机制 86
  - 5.1.3　GAN 的常见变种及应用场景 86
- 5.2　CycleGAN 的算法原理 88
- 5.3　TensorFlow 2.0 API 详解 88
  - 5.3.1　tf.keras.Sequential 88
  - 5.3.2　tf.keras.Input 91
  - 5.3.3　tf.keras.layers.BatchNormalization 91
  - 5.3.4　tf.keras.layers.Dropout 92
  - 5.3.5　tf.keras.layers.Concatenate 93

目　录

      5.3.6　tf.keras.layers.LeakyReLU 93
      5.3.7　tf.keras.layers.UpSampling2D 93
      5.3.8　tf.keras.layers.Conv2D 93
      5.3.9　tf.optimizers.Adam 94
  5.4　项目工程结构设计 95
  5.5　项目实现代码详解 96
      5.5.1　工具类实现 96
      5.5.2　CycleganModel 实现 100
      5.5.3　执行器实现 105
      5.5.4　Web 应用实现 109

第 6 章　基于 Transformer 的文本情感分析编程实践 111

  6.1　Transformer 相关理论知识 111
      6.1.1　Transformer 基本结构 111
      6.1.2　注意力机制 112
      6.1.3　位置编码 116
  6.2　TensorFlow 2.0 API 详解 117
      6.2.1　tf.keras.preprocessing.text.Tokenizer 117
      6.2.2　tf.keras.preprocessing.sequence.pad_sequences 118
      6.2.3　tf.data.Dataset.from_tensor_slices 118
      6.2.4　tf.keras.layers.Embedding 118
      6.2.5　tf.keras.layers.Dense 119
      6.2.6　tf.keras.optimizers.Adam 119
      6.2.7　tf.optimizers.schedules.LearningRateSchedule 120
      6.2.8　tf.keras.layers.Conv1D 120
      6.2.9　tf.nn.moments 121
  6.3　项目工程结构设计 121
  6.4　项目实现代码详解 122
      6.4.1　工具类实现 122
      6.4.2　data_util 实现 124
      6.4.3　textClassiferMode 实现 128
      6.4.4　执行器实现 138

6.4.5　Web 应用实现 142

第 7 章　基于 TensorFlow Serving 的模型部署实践 144

　7.1　TensorFlow Serving 框架简介 144
　　7.1.1　Servable 145
　　7.1.2　Source 145
　　7.1.3　Loader 145
　　7.1.4　Manager 145
　7.2　TensorFlow Serving 环境搭建 146
　　7.2.1　基于 Docker 搭建 TensorFlow Serving 环境 146
　　7.2.2　基于 Ubuntu 16.04 搭建 TensorFlow Serving 环境 146
　7.3　API 详解 147
　　7.3.1　tf.keras.models.load_model 147
　　7.3.2　tf.keras.experimental.export_saved_model 147
　　7.3.3　tf.keras.backend.set_learning_phase 148
　7.4　项目工程结构设计 148
　7.5　项目实现代码详解 149
　　7.5.1　工具类实现 149
　　7.5.2　模型文件导出模块实现 150
　　7.5.3　模型文件部署模块实现 150
　　7.5.4　Web 应用模块实现 152

第 1 章
Python 基础编程入门

Python 是当前人工智能领域的主要编程语言。本书开篇我们先讲解 Python 的基础编程入门，目的是让各位读者能够学习或温习 Python 的基础用法，以便在阅读后续章节中的代码时不会感到陌生。

本章将介绍 Python 的历史、Python 的基本数据类型、Python 的数据处理工具 Pandas 和图像处理工具 PIL。

1.1 Python 的历史

Python 是一种计算机程序设计语言，从它诞生至今已有将近 30 年的时间。Python 的设计目的是要创造一种简单、易用且功能全面的语言。在 Python 发展的 30 年中，前 20 年一直是小众语言，近 10 年随着人工智能的兴起才逐步进入全世界程序员的视野。

1.1.1 Python 版本的演进

Python 是由 Guido van Rossum（以下称 Guido）在 1989 年 12 月底着手开始编写的一种编程语言。编写 Python 语言是想创造一种处于 C 语言和 shell 之间的功能全面、易学、易用且可拓展的"胶水"语言。1991 年，Guido 编写的第一个 Python 编译器诞生，这也标志着 Python 语言的诞生。在接下来的 20 年中，Python 从 1.0 版本演进到了 2.7 版本。Python 2.7 版本是 Python 2.x 系列的终结版本。2008 年 Python 社区发布了 Python 3.0 版本，且宣布自 2020 年之后社区只对 Python 3.x

版本进行支持，Python 2.x 版本将停止更新和支持。如果你刚刚开始学习 Python，那么建议选择 Python 3.x 版本。

1.1.2 Python 的工程应用情况

近几年 Python 变得炙手可热，这得益于其在人工智能和数据分析领域的应用，但是 Python 能做的并不仅限于此。Python 拥有丰富的函数库和框架，这让它在 Web 开发领域也得到了较多的应用，比如国外的 YouTube、DropBox 和 Instagram，国内的知乎、豆瓣等许多大型互联网应用的开发都使用了 Python。由此可知，Python 已经是一种比较完善的工程开发语言，你可以在掌握它的前提下开发任意应用。本章中，我们将重点学习 Python 在人工智能领域和数据处理领域的应用。

1.2 Python 的基本数据类型

Python 的基本数据类型主要包括变量（Variable）、数字（Number）、字符串（String）、列表（List）、元组（Tuple）和字典（Dictionary）。其中数字、字符串、列表、元组和字典是 Python 中 5 种标准的数据类型，我们必须要掌握它们的含义、操作以及属性。

1. 变量

在 Python 中，变量是不需要进行类型声明的，可以直接赋值后使用。我们使用 "=" 为变量赋值，变量会自动获取所赋数值的类型。变量存储在内存中，根据变量类型的不同解释器会分配指定的内存，并根据变量的类型来存储对应的数据。

示例代码如下：

```
1.  # -*- coding: UTF-8 -*-
2.  a=1 #赋值整型变量
3.  b=10.0 #赋值浮点型变量
4.  c="Enjoy" #赋值字符串类型变量
5.  print(a)
6.  print(b)
7.  print(c)
8.  print(type(a))
9.  print(type(b))
10. print(type(c))
```

输出结果如下：

```
1.  1
2.  10.0
3.  Enjoy
4.  <class 'int'>
5.  <class 'float'>
6.  <class 'str'>
```

注：print 是 Python 中的保留字，其作用是打印内容。

"# -*- coding: UTF-8 -*-"注明代码的编码使用 UTF-8，这样可以避免出现中文字符的编码错误问题。

type 是 Python 中的保留字，可以直接返回变量的类型。

在 Python 中变量赋值是极其灵活和方便的，可以使用上面示例代码中的赋值方式，也可以使用"="对多个变量赋不同类型的值。示例代码如下：

```
1.  # -*- coding: UTF-8 -*-
2.  a,b,c=1,10.0, "Enjoy" #对多个变量赋不同类型的值
3.  print(a)
4.  print(b)
5.  print(c)
6.  print(type(a))
7.  print(type(b))
8.  print(type(c))
```

输出结果如下：

```
1.  1
2.  10.0
3.  Enjoy
4.  <class 'int'>
5.  <class 'float'>
6.  <class 'str'>
```

2. 数字（Number）

在 Python 3.x 中数字类型包括 int（整型）、float（浮点型）和 complex（复数）。对数字类型的变量赋值，示例代码如下：

```
1.  >>> var1=1
2.  >>> var2=12
```

以上就完成了对数字类型变量的赋值，不过在日常开发中这种赋值方式一般用得比较少，更多的是使用参数传递进行赋值。

3. 字符串（String）

字符串类型是我们在日常开发中经常用到的一种数据类型。在数据处理阶段，我们需要对字符串类型的数据进行类型转换、字符串截取等操作。需要注意的是，String 属于 Python 内置序列类型的扁平序列。在扁平序列中存放的是实际值而不是值的引用。String 和 Tuple 一样都属于不可变序列，也就是说，其保存的值是不可被修改的。String 可以使用 "=" 直接进行赋值，示例代码如下：

```
1.  >>> a='hello world'
2.  >>> b= "hello world"
3.  >>> a
4.  'hello world'
5.  >>> b
6.  'hello world'
```

4. 列表（List）

列表属于 Python 的容器序列，能存放不同类型的数据。列表是可变序列，我们可以根据需要对列表内的数据进行修改。列表的创建和赋值示例代码如下：

```
1.  >>> l1=['a',1,12]
2.  >>> l1
3.  ['a', 1, 12]
4.  >>> l1[0]="b"
5.  >>> l1
6.  ['b', 1, 12]
```

5. 元组（Tuple）

元组的属性和列表十分类似，不同的是元组中的元素是不能修改的。元组用小括号来表示。元组具有以下操作特性。

- 当元组只包含一个值时，需要在这个值后面添加逗号，以消除歧义。例如

    T=(30,)

- 元组与字符串类似，下标的索引是从 0 开始的，不能对元组中的元素进行删除操作，但是可以进行截取和组合操作。

1. >>> t1=(10,11,12)
2. >>> t2=(8,9,10)
3. >>> t3=t1+t2
4. >>> print(t3)
5. (10, 11, 12, 8, 9, 10)

- 当一个对象没有指定符号时，如果以逗号隔开，则默认为元组。

1. >>> t1=1,3,'python'
2. >>> print(t1)
3. (1, 3, 'python')

- 元组内的元素是不能被删除的，我们可以使用 del 语句来删除元组。
- 元组本身也是一个序列，因此我们可以访问元组中指定的位置，也可以使用索引来截取元组中的元素。

1. >>>t1=1,3,'python'
2. >>>print("读取第一个元素：",t1[0],"读取最后一个元素：",t1[-1],"读取所有元素：",t1[0:])
3. #读取第一个元素：1读取最后一个元素：python读取所有元素：(1, 3, 'python')

- 元组内置了一些函数用于对元组进行操作，比如 len(tuple)，计算元组中元素的个数；max(tuple)，返回元组中元素的最大值；min(tuple)，返回元组中元素的最小值；tuple(seq)，将列表转换为元组。

6. 字典（Dictionary）

字典是一个可变容器模型，可以存放任意类型的对象。数据在字典中是按照 key-value 存储的，存储时 key 是唯一的且不可变的数据类型，value 可以重复。字典类型用"{ }"来表示，代码如下：

dict={'a','b','c'}

对字典中数据的访问是通过 key 来实现的，不同于列表或者元组通过下标的

方式来实现访问。示例代码如下：

```
1.  >>> dict={'cpu':'8c','memory':'64G'}
2.  >>> print(dict['cpu'])
3.  8c
```

字典中的 key 不可以改变，但是 value 是可以改变的。我们可以直接通过重新赋值的方式修改字典里的元素。如果需要删除字典里的元素，则可以通过 key 读取字典中的元素后，用 del 命令实现。

```
1.  >>> dict
2.  {'cpu': '8c', 'memory': '64G'}
3.  >>> dict['cpu']='16c' #修改cpu元素的值
4.  >>> dict
5.  {'cpu': '16c', 'memory': '64G'}
6.  >>> dict
7.  {'cpu': '16c', 'memory': '64G'}
8.  >>> del dict['cpu'] #删除cpu元素
9.  >>> dict
10. {'memory': '64G'}
```

在 Python 字典中内置了一些方法可以对字典进行操作，比如 dict.clear()，删除字典内所有的元素；dict.copy()，返回一个字典的浅复制；dict.fromkeys(seq[,val])，创建一个新字典，以序列 seq 中的元素做字典的键，val 为字典中所有键对应的初始值；dict.get(key,default=None)，返回指定键的 value，如果 value 不存在，则返回 default；dict.has_key(key)，判断字典中是否存在所要查询的 key；dict.items()，以列表形式返回可遍历的(key,value)元组数组；dict.keys()，以列表形式返回一个字典中所有的键；dict.update(dict1)，把字典 dict1 的键值更新到 dict 中；dict.values()，以列表形式返回字典中所有的值。

1.3 Python 数据处理工具之 Pandas

Pandas 最核心的两个数据结构是一维的 Series 和二维的 DataFrame，Series 是带有标签的同构类型数组，而 DataFrame 是一个二维的表结构。在同构类型的数据中，一个 DataFrame 可以看作是由多个 Series 组成的。

1.3.1 数据读取和存储

Pandas 是处理结构化数据非常重要的一个工具，其功能强大且好用。Pandas 可以从 CSV、JSON、Text 等格式文件中读取数据，本节讲解 CSV、JSON 格式数据的读取和存储。

1. CSV 文件的读取和存储

对 CSV 文件进行操作有两个接口（API），分别是 read_csv 和 to_csv。

（1）API：read_csv

read_csv()是用来读取 CSV 文件的接口，其具有丰富的参数，可以配置来满足实际的数据读取需要。下面介绍一些关键的且常用的参数。

- filepath_or_buffer：配置所需读取 CSV 文件的路径。
- sep：配置 CSV 文件的列分隔符，默认是逗号","。
- delimiter：可选配置，作为 sep 配置分隔符的别名。
- delim_whitespace：配置是否用空格来作为列分隔符。如果设置为 True，那么 sep 配置参数就不起作用了。
- header：配置用行数来作为列名，默认配置成自动推断。
- names：配置列名，如果所读取的 CSV 文件没有表头，那么需要配置 header=None，否则会将第一行数据作为对应的列名。
- usecols：当只需要读取 CSV 文件中的部分数据时，可以使用 usecols 来指定读取列名以获取数据。
- dtype：配置所读取数据的类型。
- encoding：配置文件的编码方式，一般使用 UTF-8 或者 GBK。

（2）API：to_csv

to_csv()用于将数据保存到 CSV 文件中。其参数比较多，如下所示，但只有第一个参数是必需的。

- path_or_buf：配置 CSV 文件的保存路径。
- sep：配置保存文件的分隔符，默认是逗号","。
- na_rep：配置空值补全的值，默认用空格代替。
- float_format：配置将浮点数格式化成字符串类型。
- columns：配置需要写入列的列名，如果不配置，则默认从第 1 列开始写入。

- header：配置是否写入列名，默认是需要写的。
- index：配置是否写入行名，默认是需要写的。
- index_label：配置用来作为列索引的列，默认是没有的。
- mode：配置写入模式，默认是 W。
- encoding：配置编码格式，该配置只针对 Python 3 以前的版本。
- line_terminator：配置每行的结束符，默认使用"\n"。
- quotin：配置 CSV 的引用规则。
- quotechar：配置用来作为引用的字符，默认是空格。
- chunksize：配置每次写入的行数。
- tuplesize_cols：配置写入 list 的格式，默认以元组的方式写入。
- date_format：配置时间数据的格式。

2. JSON 文件的读取和存储

对 JOSN 文件进行操作有两个 API，分别是 read_json 和 to_json。

（1）API：read_json()

read_json()是用于读取 JSON 文件或者返回 JSON 数据的接口。日常需要用到的配置参数如下。

- filepath_or_buffer：配置有效的 JSON 字符串、JSON 文件的路径或者数据接口。数据接口可以是一个 URL 地址。
- type：配置将读取的数据生成 Series 还是 DataFrame，默认是 DataFrame。

（2）API：to_json()

to_json()用于将数据保存为 JSON 格式。日常需要用到的配置参数如下。

- path_or_buf：配置 JSON 数据保存的路径或者写入的内存区域。
- date_format：配置时间数据的格式，epoch 表示配置成时间戳的格式，iso 表示配置成 ISO 8601 的格式。
- double_precision：配置小数点后保留的位数，默认是 10 位。
- force_ascii：配置是否强制将 String 转码成 ASCII，默认强制进行转码。
- date_unit：配置时间数据的格式，可以实现精确到秒级或毫秒级。

1.3.2 数据查看和选取

Pandas 的数据对象有 Series、DataFrame 和 Panel，常用的数据类型是一维的

Series 和二维的 DataFrame。DataFrame 拥有非常丰富的 API，能够满足我们对数据选取和处理的需求。

1. 查看数据

（1）df.shape

df.shape 用于查看数据的维度。由于 DataFrame 是二维的，因此 df.shape 的返回值包含两个元素，df.shape[0]返回的是行数，df.shape[1]返回的是列数。示例代码如下：

```
>>> import pandas as pd
>>> dict={'cpu':'8c','memory':'64G'}
>>> df=pd.DataFrame(dict,index=[0])
>>> df.shape[0]
1
>>> df.shape[1]
2
```

（2）df.head()

df.head()默认返回 DataFrame 数据的前 5 行，如果需要查看更多的行数，则只要传参进去即可。df.tail()默认返回数据的后 5 行，想要查看更多的数据同样可以传参进去。查看数据的汇总统计可以使用 df.describe()，查看数据概况可以使用 df.info。示例代码如下：

```
>>> import pandas as pd
>>>dict=[{'cpu':'8c','memory':'64G'},{'cpu':'12c','memory':'64G'}]
>>> df=pd.DataFrame(dict,index=[0,0])
>>> df.head(2) #查看前两行数据
    cpu memory
0   8c   64G
0   12c  64G
>>> df.tail(1) #查看最后一行数据
    cpu memory
0   12c  64G
>>> df.describe() #查看数据的汇总统计
        cpu memory
count   2    2
unique  2    1
```

```
15. top       12c     64G
16. freq      1       2
17. >>> df.info() #查看数据概况
18. <class 'pandas.core.frame.DataFrame'>
19. Int64Index: 2 entries, 0 to 0
20. Data columns (total 2 columns):
21. cpu       2 non-null object
22. memory    2 non-null object
23. dtypes: object(2)
24. memory usage: 48.0+ bytes
```

想要查看列名可以使用 df.columns()，查看各列的平均值可以直接用 df.mean()。

2. 选取数据

在选取数据时，既可以使用列名来选取，也可以使用索引来选取。如果要查看某列的数据，则可以用 df[col_name]或者 df.col_name，当查看多列时可以将多列的列名作为一个数组传参进去，如 df[[col1,col2]]。使用索引来选取数据，则要用到 df.iloc。大家要注意 df.loc 和 df.iloc 在使用上是有区别的，df.loc 传递的是索引的名称，df.iloc 传递的是索引的相对位置，我们常用的是 df.iloc。示例代码如下：

```
1.  >>> df.iloc[1] #iloc是取的索引的相对位置,即DataFrame的第二行元素
2.  cpu      12c
3.  memory   64G
4.  Name: 0, dtype: object
5.  >>> df.loc[0] #loc是取的行索引的名称
6.     cpu memory
7.  0  8c   64G
8.  0  12c  64G
9.  >>> df['memory'] #通过列名查看数据
10. 0   64G
11. 0   64G
12. Name: memory, dtype: object
13. >>> df.cpu #通过列名查看数据,使用的是"."访问方式
14. 0   8c
15. 0   12c
```

1.3.3 数据处理

Pandas DataFrame 提供了丰富的数据处理方法，为我们进行必要的数据操作和预处理提供了非常大的帮助。下面我们来看看常用的数据处理方法。

1. 数据合并

在进行数据预处理时，需要进行必要的数据合并操作，将分散的数据或者部分数据整合到一起进行神经网络模型训练。DataFrame 提供了多个数据拼接的方法，使用 pd.concat() 可以直接放到数组中按行拼接，也可以使用 pd.merge() 按列拼接，或者使用 df.append() 增加某列数据。示例代码如下：

```
>>> df
   cpu memory
0   8c   64G
0  12c   64G
>>> pie=[df,df]
>>>df2=pd.concat(pie) #按行拼接,也就是说,数据在行的方向上进行增加
>>> df2
   cpu memory
0   8c   64G
0  12c   64G
0   8c   64G
0  12c   64G
>>> df3=pd.merge(df2,df,on='cpu') #按列cpu进行拼接。我们发现会在拼接
    后的df3中增加一列,且列名变成了memory_x,memory_y
>>> df3
   cpu memory_x memory_y
0   8c    64G      64G
1   8c    64G      64G
2  12c    64G      64G
3  12c    64G      64G
```

2. 数据清理

在使用 DataFrame 进行数据处理时，如果数据质量不高，则需要清理一些空值或者进行空值补全。

我们可以使用 df3.isnull() 检查数据是否为空值，使用 df3.isnull().sum() 进行空

值的统计。如果需要对空值进行补全，则可以使用 df3.fillna(n)，n 值就是替换空值的值。如果想要去掉所有带有空值的数据，则可以使用 df3.dropna()删除包含空值的行和列，默认删除包含空值的行。df3.dropna(axis=1)会删除包含空值的列。示例代码如下：

```
1.  >>> df3
2.     cpu memory_x memory_y
3.  0  8c   64G      64G
4.  1  8c   64G      None
5.  2  12c  64G      64G
6.  3  12c  64G      64G
7.  >>> df3.isnull()#判断df3中为空值的元素，返回的是整个df3的空值判断结果分布
8.     cpu   memory_x  memory_y
9.  0  False False     False
10. 1  False False     True
11. 2  False False     False
12. 3  False False     False
13. >>> df3.isnull().sum()#统计df3中空值元素的个数，返回的是按列统计结果
14. cpu        0
15. memory_x   0
16. memory_y   1
17. dtype: int64
18.
19. >>> df3.fillna('32G') #对df3中的空值元素用32G进行空值补全。注意，这里的补全只是对返回结果的补全，对df3中的原始空值并不改变，这个同样适用于df3.fillna()和df3.dropna()
20.    cpu memory_x memory_y
21. 0  8c   64G      64G
22. 1  8c   64G      32G
23. 2  12c  64G      64G
24. 3  12c  64G      64G
25. >>> df3 #可以看到df3中的空值并没有改变
26.    cpu memory_x memory_y
27. 0  8c   64G      64G
28. 1  8c   64G      None
29. 2  12c  64G      64G
30. 3  12c  64G      64G
31. >>> df3.dropna()
```

```
32.     cpu  memory_x  memory_y
33.  0   8c     64G       64G
34.  2  12c     64G       64G
35.  3  12c     64G       64G
36. >>> df3.dropna(axis=1)
37.     cpu  memory_x
38.  0   8c     64G
39.  1   8c     64G
40.  2  12c     64G
41.  3  12c     64G
```

3. 数据处理

在进行数据处理时，我们还会遇到诸如转换数据类型、统计唯一值的个数以及序列排序等需求。DataFrame 也提供了一些对应的操作方法供使用，比如，转换数据类型可以使用 df3.astype()，统计唯一值的个数可以使用 df3.columns.value_counts()，序列排序可以使用 df3.sort_values(by= colname,ascending=True)。示例代码如下：

```
1.  >>> df3
2.      cpu  memory_x  memory_y
3.  0    8     64G       64G
4.  1    8     64G       None
5.  2    8     64G       64G
6.  3    8     64G       64G
7.  >>> df3['cpu'].astype(float) #对指定列进行数据类型转换，将cpu列的类型
    从int转换为float。如df3.fillna()一样，这个操作并不会改变df3中的原始值，
    而是将df3复制了一份进行相应的数据转换后返回
8.  0    8.0
9.  1    8.0
10. 2    8.0
11. 3    8.0
12. Name: cpu, dtype: float64
13. >>> df3.columns.value_counts()#对df3中的唯一值进行统计，按列返回统计结果
14. memory_x    1
15. memory_y    1
16. cpu         1
17. dtype: int64
```

```
18. >>> df3
19.    cpu memory_x memory_y
20. 0   8     64G      64G
21. 1  12     64G     None
22. 2   8     64G      64G
23. 3   8     64G      64G
24. >>> df3.sort_values(by='cpu',ascending=True) #按照cpu列的元素值大小
    升序排列
25.    cpu memory_x memory_y
26. 0   8     64G      64G
27. 2   8     64G      64G
28. 3   8     64G      64G
29. 1  12     64G     None
```

1.4 Python 图像处理工具之 PIL

在 Python 中进行图像处理有 PIL、OpenCV 等工具。PIL 是 Python 中常用的图像处理工具，本书中我们使用 PIL 进行图像处理。本节详细介绍图像处理工具 PIL。

1.4.1 PIL 简介

PIL 是 Python Imaging Library 的简称，目前已经是 Python 生态系统中图像处理的标准库。PIL 之所以如此受欢迎，是因为它的功能非常强大且 API 非常简单、易用。PIL 只支持 Python 2.x 版本，目前支持 Python 3.x 的是社区在 PIL 的基础上 Fork 的版本，项目叫 Pillow。

1.4.2 PIL 接口详解

下面我们会对 PIL 的常用接口进行讲解并给出示例代码。

1. 图像读写

（1）从文件中读取图像数据

Image.open()：本 API 提供了打开图像文件和读取图像数据的功能。

示例代码如下：

```
1.  from PIL import Image
2.  with open("enjoy.jpg","rb") as fp:
3.      im = Image.open(fp)
```

（2）从压缩文件中读取图像数据

TarIO()：本 API 提供了 tar 文件的读取功能，不用解压缩就可以直接从 tar 文件中读取图像数据。

示例代码如下：

```
1.  from PIL import Image, TarIO
2.  fp = TarIO.TarIO("enjoy..tar", "enjoy.jpg")
3.  im = Image.open(fp)
```

（3）将图像数据保存为 JPEG 格式

Image.save()：本 API 提供了图像数据的保存功能，可以保存成训练所需要的图像格式。

示例代码如下：

```
1.  import os, sys
2.  from PIL import Image
3.
4.  for infile in sys.argv[1:]:
5.      f, e = os.path.splitext(infile)
6.      outfile = f + ".jpg"
7.      if infile != outfile:
8.          try:
9.              Image.open(infile).save(outfile)
10.         except IOError:
11.             print("cannot convert", infile)
```

2. 图像编辑

图像编辑包含生成图像缩略图、图像格式查询和图像截取几种操作，尤其是图像截取操作，是我们在编程中经常需要做的。

（1）生成图像缩略图

在编程中我们有时会遇到图像数据过大导致出现内存或者显存溢出的问题。im.thumbnai 这个 API 提供了将图像制作成缩略图的功能，在不改变主要图像特征的情况下对图像进行缩略变换，以减小图像数据。

示例代码如下：

```
1.  import os, sys
2.  from PIL import Image
3.  #初始化缩略图的尺寸
4.  size = (128, 128)
5.  #逐个读取图像并生成缩略图保存
6.  for infile in sys.argv[1:]:
7.      #初始化缩略图的保存路径
8.      outfile = os.path.splitext(infile)[0] + ".thumbnail"
9.      if infile != outfile:
10.         try:
11.             #读取图像并进行缩略转换，最好保存缩略图
12.             im = Image.open(infile)
13.             im.thumbnail(size)
14.             im.save(outfile, "JPEG")
15.         except IOError:
16.             print("cannot create thumbnail for", infile)
```

（2）图像格式查询

在进行图像处理时，我们需要查看或者判别图像的格式，以防止出现因图像格式不一致引起的错误。im.format、im.size 和 im.mode 这些 API 分别提供了图像的格式、尺寸、色彩模式（RGB、L）信息的查询功能。

示例代码如下：

```
1.  from PIL import Image
2.  for infile in sys.argv[1:]:
3.      with Image.open(infile) as im:
4.          print(infile, im.format, "%dx%d" % im.size, im.mode)
```

（3）图像截取

在实际业务场景中，我们获得的图像尺寸可能是不一样的，而在进行训练时需要数据维度是固定的。因此，在进行训练前需要对数据进行预处理，我们使用 im.crop 对图像进行截取以保持图像的尺寸统一。

示例代码如下：

```
1.  from PIL import Image
2.  file="enjoy.jpeg"
```

```
3.  #读取图像数据
4.  im=Image.open(file)
5.  #初始化截取图像的范围
6.  box = (100, 100, 400, 400)
7.  #完成图像的截取并保存图像
8.  im.crop(box)
9.  im.save("enjoy_region.jpeg",JPEG)
```

3. 图像尺寸变换

im.resize()提供了图像尺寸变换功能，可以按照需要变换源图像的尺寸。im.rotate()提供了图像旋转功能，可以根据需要旋转不同的角度。

示例代码如下：

```
1.  from PIL import Image
2.  file="enjoy.jpeg"
3.  im=Image.open(file)
4.  im.resize((256,256)).rotate(90) #将图像重置为256px×256px，然后旋转90°
5.  im.save("enjoy_rotate.jpeg",JPEG)
```

4. 像素变换

（1）像素色彩模式变换

在实际工业生产中，通常需要对图像进行二值化，可以通过 convert()对图像进行二值化处理。这个 API 提供了将图像进行像素色彩模式转换的功能，可以在支持的像素色彩格式间进行转换。在人工智能算法编程中常用的是将 RGB 模式进行二值化操作，示例代码如下：

```
1.  from PIL import Image
2.  file="enjoy.jpeg"
3.  #将图像模式转换为黑白模式
4.  im=Image.open(file).convert("L")
5.  im.save("enjoy_convert.jpeg",JPEG)
```

（2）像素对比度调节

在进行图像数据处理时，为了增加图像数据的特征，可以调节像素对比度。im.filter()提供了调节像素对比度的功能，通过调节训练文件的对比度来降低噪声也是一种特征处理的手段。

示例代码如下：

```
1.  from PIL import Image
2.  file="enjoy.jpeg"
3.  im=Image.open(file)
4.  im.filter(ImageFilter.DETAL)
5.  im.save("enjoy_filter.jpeg",JPEG)
```

1.4.3 PIL 图像处理实践

在日常图像处理编程中，我们经常会遇到需要对训练数据进行文件格式转换的情况，比如从 JPG 文件转换为 CIFAR-10 文件，这样可以提高对训练数据的读取效率，并且为数据操作带来更大的便捷性。下面是将正常 JPG 文件转换为 CIFAR-10 文件的示例代码：

```
1.  # -*- coding:utf-8 -*-
2.  import pickle,pprint
3.  from PIL import Image
4.  import numpy as np
5.  import os
6.  #在开始编程之前需要导入依赖包，比如PIL、numpy等
7.  class DictSave(object):
8.      #定义方法类
9.      def __init__(self,filenames,file):
10.         self.filenames = filenames
11.         self.file=file
12.         self.arr = []
13.         self.all_arr = []
14.         self.label=[]
15.     #定义图像输入函数
16.     def image_input(self,filenames,file):
17.         i=0
18.         for filename in filenames:
19.             self.arr,self.label = self.read_file(filename,file)
20.             if self.all_arr==[]:
21.                 self.all_arr = self.arr
22.             else:
```

```
23.             self.all_arr = np.concatenate((self.all_arr,self.arr))
24.
25.             print(i)
26.             i=i+1
27.    #定义文件读取函数
28.    def read_file(self,filename,file):
29.          im = Image.open(filename) #打开一个图像
30.          #将图像的RGB分离
31.          r, g, b = im.split()
32.          #将PILLOW图像转成数组
33.          r_arr = plimg.pil_to_array(r)
34.          g_arr = plimg.pil_to_array(g)
35.          b_arr = plimg.pil_to_array(b)
36.
37.          #将3个一维数组合并成一个一维数组,大小为32400
38.          arr = np.concatenate((r_arr, g_arr, b_arr))
39.          label=[]
40.          for i in file:
41.              label.append(i[0])
42.          return arr,label
43.    def pickle_save(self,arr,label):
44.          print ("正在存储")
45.          #构造字典,所有的图像数据都在arr数组里,这里只存储图像数据,没
               有存储label
46.          contact = {'data': arr,'label':label}
47.          f = open('data_batch', 'wb')
48.
49.          pickle.dump(contact, f) #把字典保存到文本中
50.          f.close()
51.          print ("存储完毕")
52. if __name__ == "__main__":
53.    file_dir='train_data'
54.    L=[]
55.    F=[]
56.    for root,dirs,files in os.walk(file_dir):
```

```
57.     for file in files:
58.         if os.path.splitext(file)[1] == '.jpg':
59.             L.append(os.path.join(root, file))
60.             F.append(file)
61.
62.     ds = DictSave(L,F)
63.     ds.image_input(ds.filenames,ds.file)
64.     print(ds.all_arr)
65.     ds.pickle_save(ds.all_arr,ds.label)
66.     print ("最终数组的大小:"+str(ds.all_arr.shape))
```

第 2 章
TensorFlow 2.0 快速入门

本章中,我们将会介绍 TensorFlow 相关知识并带领大家完成 TensorFlow 2.0 的快速入门。本章分为 TensorFlow 2.0 简介、TensorFlow 2.0 环境搭建、TensorFlow 2.0 基础知识、TensorFlow 2.0 高阶 API(tf.keras)共 4 节。

2.1 TensorFlow 2.0 简介

TensorFlow 起源于谷歌内部的 DisBelief 平台,2015 年 11 月 9 日谷歌依据 Apache 2.0 协议将其开源。TensorFlow 是一个非常优秀的深度神经网络机器开源平台,自发布以来受到人工智能研究者和工程师的热烈追捧,在学术界和工业界迅速得到大量应用。TensorFlow 1.x 经过三年多的迭代,在 2018 年的 Google Cloud Next 上 TensorFlow 团队宣布开启 TensorFlow 2.0 的迭代,2019 年 3 月 TensorFlow 团队发布了 TensorFlow 2.0-Alpha 版本,同年 6 月发布了 TensorFlow 2.0-Beta 版本。

TensorFlow 2.0 在 TensorFlow 1.x 版本上进行了大幅度改进,主要的变化如下:

- 将 Eager 模式作为 TensorFlow 2.0 默认的运行模式。Eager 模式是一种命令行交互式的运行环境,不用构建 Session 就可以完成控制流的计算和输出。
- 删除 tf.contrib 库,将 tf.contrib 库中的高阶 API 和应用整合到 tf.keras 库下。
- 合并精简 API,将 TensorFlow 1.x 中大量重复、重叠的 API 进行合并精简。

- 删除全局变量，在 TensorFlow 2.0 中不再有变量自动追踪机制，需要开发者自己实现对变量的追踪。一旦丢失对变量的追踪，变量就会被垃圾回收机制回收，不过开发者可以使用 Keras 对象来减轻自己的负担。
- 确立 Keras 的高阶 API 的唯一地位，在 TensorFlow 2.0 中所有的高阶 API 全部集中到 tf.keras 库下。

2.2 TensorFlow 2.0 环境搭建

TensorFlow 支持 CPU 和 GPU 作为计算资源，而且不管使用 Windows 系统还是 Linux 系统都可以安装 TensorFlow。如果使用的是 Windows 系统环境，为了安装方便、快捷，可以使用 Anaconda 作为安装工具。Anaconda 提供了包括 Python 在内的丰富的工具和计算库。

2.2.1 CPU 环境搭建

在 Linux 环境下建议直接使用 python3-pip 安装 TensorFlow 2.0。以 Ubuntu 16.04 为例，安装代码如下：

```
1. #安装python3-pip, Ubuntu 16.04系统默认安装了python3
2. sudo apt-get install python3-pip
3. #安装TensorFlow 2.0
4. pip3 install tensorflow==2.0.0
5. #测试python3是否安装成功
6. python3
7. #导入tensorflow并打印其版本
8. import tensorflow as tf
9. print(tf.__version__)
```

在 Windows 环境下建议使用 Anaconda 安装 TensorFlow 2.0，以 Windows 10 为例，安装过程如下：

（1）打开 Anaconda 官网下载适应自己系统的安装版本，如图 2-1 所示。

第 2 章 TensorFlow 2.0 快速入门

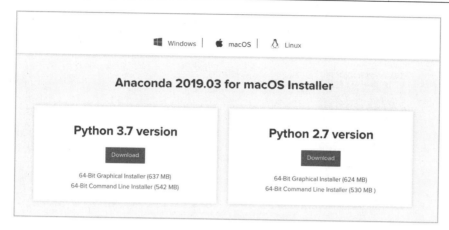

图2-1 选择安装版本

（2）安装完成后，打开 Anaconda Prompt，就可以直接使用 pip 命令进行安装了。

```
1.  #安装TensorFlow 2.0
2.  pip3 install tensorflow==2.0.0
3.
4.  #测试python3是否安装成功
5.  python3
6.
7.  #导入tensorflow并打印其版本
8.  import tensorflow as tf
9.
10. print(tf.__version__)
```

2.2.2 基于 Docker 的 GPU 环境搭建

TensorFlow 官方提供了基于 NVIDIA GPU 显卡的 Docker 镜像，只需要在操作系统中安装 GPU 的显卡驱动即可，不需要安装 cuDNN 和 CUDA 就可以直接构建起一个 TensorFLow-GPU 开发环境。我们以 Ubuntu 16.04 和 NVIDIA Tesla P4 为例演示整个安装过程。

（1）在 NVIDIA 官网查看并下载 NVIDIA Tesla P4 显卡的驱动程序，下载地址为 https://www.nvidia.cn/Download/index.aspx?lang=cn，如图 2-2 所示。

图2-2　下载显卡的驱动程序

（2）按照以下命令行顺序完成相关操作。

```
1.  #安装NVIDIA-410驱动程序
2.  sudo bash NVIDIA-Linux-x86_64-410.104.run
3.
4.  #安装docker-ce
5.
6.  #删除系统中已经安装的Docker相关系统
7.  sudo apt-get remove docker docker-engine docker-ce docker.io
8.
9.  #更新系统资源
10. sudo apt-get update
11.
12. #安装https插件，以便可以访问HTTPS资源
13. sudo apt-get -y install apt-transport-https ca-certificates curl
    software-properties-common
14.
15. #获取docker-ce的资源密钥
16. curl -fsSL http://mirrors.aliyun.com/docker-ce/linux/ubuntu/gpg |
    sudo apt-key add -
17. #将docker-ce的资源添加到apt库中
18. sudo add-apt-repository "deb [arch=amd64] http://mirrors.aliyun.com/
    docker-ce/linux/ubuntu $(lsb_release -cs) stable"
19. #更新系统资源
```

```
20. sudo apt-get update
21. #安装最新的docker-ce
22. sudo apt-get install -y docker-ce
23.
24. #安装nvidia-docker2
25.
26. #卸载系统中可能存在的nvidia-docker1
27. sudo apt-get purge -y nvidia-docker
28. #获取nvidia-docker2的安装资源密钥并添加到apt-key中
29. curl -s -L https://nvidia.github.io/nvidia-docker/gpgkey | sudo
    apt-key add -
30. #获取nvidia-docker2的安装源地址，并添加到安装源列表中
31. distribution=$(. /etc/os-release;echo $ID$VERSION_ID)
32. curl -s -L https://nvidia.github.io/nvidia-docker/$distribution/
    nvidia-docker.list | sudo tee
    /etc/apt/sources.list.d/nvidia-docker.list
33. #更新系统资源
34. sudo apt-get update
35. #安装nvidia-docker2
36. sudo apt-get install -y nvidia-docker2
37. #重启系统
38. reboot
39. #运行tensorflow GPU镜像，测试GPU环境是否安装成功
40. docker run --runtime=nvidia –it –rm tensorflow/tensorflow:latest-gpu \
    python -c "import tensorflow as tf; print(tf.reduce_sum(tf.random_normal
    ([1000, 1000])))"
```

2.3 TensorFlow 2.0 基础知识

使用 TensorFlow 2.0 编程需要先掌握其基础知识，包括运行模式和基本的语法操作等。

2.3.1 TensorFlow 2.0 Eager 模式简介

TensorFlow 2.0 把 Enger 模式作为默认的模式，以此来提高 TensorFlow 的易用性和交互的友好性。TensorFlow 2.0 的 Eager 模式是一种命令式编程环境，无须构建计算图，所有的操作会立即返回结果。Eager 模式不但使开发者可以轻松地使

用 TensorFlow 进行编程和调试模型，而且还使编程代码变得更加简洁。在 TensorFlow 官网总结的 Eager 模式的优势如下。

- 直观的代码结构：使代码更加符合 Python 的代码结构，整个代码逻辑一目了然。
- 更轻松的调试功能：直接调用操作以检查正在运行的模型并测试更改。
- 自然控制流程：使用 Python 控制流程而不是图控制流程，降低了动态图模型的规模。

2.3.2　TensorFlow 2.0 AutoGraph 简介

AutoGraph 是 tf.function 装饰器带来的一个魔法功能，可以将 Python 控制流转换为计算图，换句话说，就是我们可以直接使用 Python 实现对计算图进行另一种意义的编辑。AutoGraph 将控制流转换为计算图的方式可以带来更快的模型运行效率，以及模型导出上的便利，使用 tf.function 装饰器具有如下优势：

- 虽然一个函数被 tf.function 注释后会被编译成图，但是依然可以按照函数的方式进行调用。
- 如果在注释的函数中有被调用的函数，那么被调用的函数也将以图的模式运行。
- tf.function 支持 Python 所有的控制流语句，比如 if、for、while 等。

2.3.3　TensorFlow 2.0 低阶 API 基础编程

在 TensorFlow 2.0 中定义了很多低阶 API，在日常编程中除需要用到高阶 API 外，也需要用到一些低阶 API，下面列举一些常用的重要的低阶 API。

1. tf.constant

tf.constant 提供了常量的声明功能，示例代码如下：

```
1.  import tensorflow as tf
2.  a=tf.constant(7)
3.  a
4.  <tf.Tensor: id=2, shape=(), dtype=int32, numpy=7>
5.  a.numpy()
6.  7
```

2. tf.Variable

tf.Variable 提供了变量的声明功能，示例代码如下：

```
1.  import tensorflow as tf
2.  #声明一个Python变量
3.  a1=7
4.  #声明一个0阶Tensor变量
5.  a2=tf.Variable(7)
6.  #声明一个1阶Tensor变量，即数组
7.  a3=tf.Variable([0,1,2])
8.  a1,a2,a3
9.  (7,
10. <tf.Variable 'Variable:0' shape=() dtype=int32, numpy=7>,
11. <tf.Variable 'Variable:0' shape=(3,) dtype=int32, numpy=array ([0, 1, 2], dtype=int32)>)
```

3. tf.reshape

tf.reshape 提供了多阶 Tensor 的形状变换功能，示例代码如下：

```
1.  import tensorflow as tf
2.  a=tf.Variable([[0,1,2],[3,4,5]])
3.  print(a.shape)
4.  (2, 3)
5.  #对a的形状进行变换，变换为(3,2)
6.  a1=tf.reshape(a,[3,2])
7.  print(a1.shape)
8.  (3, 2)
```

4. tf.math.reduce_mean

tf.math.reduce_mean 提供了对 Tensor 求平均值的功能，输出数据类型会根据输入数据类型来确定。使用该 API 时可以配置的参数如下。

- input_tensor：配置输入的 Tensor。
- axis：配置按行求平均值或按列求平均值，默认是全行全列求平均值。
- keepdims：配置输出结果是否保持二维矩阵特性。
- name：配置操作的名称。

示例代码如下:

```
1.  import tensorflow as tf
2.  a=tf.constant([1,2.,3,4,5,6,7.])
3.  print(a.dtype)
4.  print(tf.math.reduce_mean(a))
5.  b=tf.constant([[1,2,1],[5,2,10]])
6.  print(b.dtype)
7.  print(tf.math.reduce_mean(b))
12. #输入数据类型是float32,输出数据类型也是float32
8.  <dtype: 'float32'>
9.  tf.Tensor(4.0, shape=(), dtype=float32)
13. #输入数据类型是int32,输出数据类型也是int32,其实b的值应为(1+2+1+5+2+10)/6=
    3.5,这里由于输出类型为整型,因此强制赋值为3
10. <dtype: 'int32'>
11. tf.Tensor(3, shape=(), dtype=int32)
```

5. tf.random.normal

tf.random.normal 可以随机生成一个 Tensor,其值符合正态分布。使用该 API 时有如下参数需要配置。

- shape:配置生成 Tensor 的维度。
- mean:配置正态分布的中心值。
- stddev:配置正态分布的标准差。
- seed:配置正态分布的随机生成粒子。
- dtype:配置生成 Tensor 的数据类型。

示例代码如下:

```
1.  import tensorflow as tf
2.  a=tf.random.normal(shape=[2,3],mean=2)
3.  print(a.numpy())
4.
5.  [[1.466828   0.4622419  2.5640972 ]
6.   [1.5429804  0.59275925 2.6358705 ]]
```

6. tf.random.uniform

tf.random.uniform 可以随机生成一个 Tensor，其值符合均匀分布。使用该 API 时有如下参数需要配置。

- shape：配置生成 Tensor 的维度。
- minval：配置随机生成数值的最小值。
- maxval：配置随机生成数值的最大值。
- seed：配置正态分布的随机生成粒子。
- dtype：配置生成 Tensor 的数据类型。

示例代码如下：

```
1.  import tensorflow as tf
2.  a=tf.random.uniform(shape=[2,3],minval=1,maxval=10,seed=8,dtype=tf.int32)
3.  print(a.numpy())
4.  
5.  [[4 4 7]
6.   [2 2 8]]
```

7. tf.transpose

tf.transpose 提供了矩阵的转置功能。使用该 API 时配置的参数如下。

- a：输入需要转置的矩阵。
- perm：配置转置后矩阵的形状。
- conjugate：当输入矩阵是复数时，需要配置为 True。
- name：配置本次操作的名称。

示例代码如下：

```
1.  import tensorflow as tf
2.  x = tf.constant([[[ 1,  2,  3],
3.                   [ 4,  5,  6]],
4.                  [[ 7,  8,  9],
5.                   [10, 11, 12]]])
6.  a=tf.transpose(x,perm=[0,2,1])
7.  print(a.numpy())
8.  
```

```
9.  [[[ 1  4]
10.   [ 2  5]
11.   [ 3  6]]
12.
13.  [[ 7 10]
14.   [ 8 11]
15.   [ 9 12]]]
```

8. tf.math.argmax

tf.math.argmax 提供了返回一个数组内最大值对应索引的功能。使用该 API 时有如下参数可以配置。

- input：配置输入的数组。
- axis：配置计算的维度。
- output_type：配置输出的格式。
- name：配置操作的名称。

示例代码如下：

```
1. import tensorflow as tf
2. a=tf.constant([1,2,3,4,5])
3. x=tf.math.argmax(a)
4. print(x.numpy())
5.
6. 4
```

9. tf.expand_dims

tf.expand_dims 的作用是在输入的 Tensor 中增加一个维度，比如 t 是一个维度为[2]的 Tensor，那么 tf.expand_dims(t,0)的维度就会变成[1,2]。使用这个 API 时需要配置如下参数。

- input：配置输入的 Tensor。
- axis：配置需要添加维度的下标，比如[2,1]需要在 2 和 1 之间添加，则配置值为 1。
- name：配置输出 Tensor 的名称。

示例代码如下:

```
1.  import tensorflow as tf
2.  #初始化一个维度为(3,1)的Tensor
3.  a=tf.constant([[1],[2],[3]])
4.  print(a.shape)
5.  #为a增加一个维度,使其维度变成(1,3,1)
6.  b=tf.expand_dims(a,0)
7.  print(b.shape)
8.  print(b)
9.
10. (3, 1)
11. (1, 3, 1)
12. tf.Tensor(
13. [[[1]
14.   [2]
15.   [3]]], shape=(1, 3, 1), dtype=int32)
```

10. tf.concat

tf.concat 的作用是将多个 Tensor 在同一个维度上进行连接,使用该 API 时需要进行如下参数配置。

- values:配置 Tensor 的列表或者是一个单独的 Tensor。
- axis:配置按行或按列连接,axis=0 表示按行连接,axis=1 表示按列连接。
- name:配置运算操作的名称。

示例代码如下:

```
1.  import tensorflow as tf
2.  a1=tf.constant([[2,3,4],[4,5,6],[2,3,4]])
3.  a2=tf.constant([[1,2,2],[6,7,9],[2,3,2]])
4.  #按行进行连接
5.  b=tf.concat([a1,a2],axis=0)
6.  print(b.numpy())
7.
8.  [[2 3 4]
9.   [4 5 6]
10.  [2 3 4]
```

```
11.  [1 2 2]
12.  [6 7 9]
13.  [2 3 2]]
```

11. tf.bitcast

tf.bitcast 提供了数据类型转换功能，使用该 API 时需要进行如下参数配置。

- input：配置需要进行类型转换的 Tensor，Tensor 的类型可以为 bfloat16, half, float32, float64, int64, int32, uint8, uint16, uint32, uint64, int8, int16, complex64, complex128, qint8, quint8, qint16, quint16, qint32。
- type：配置转换后的数据类型，可以选择的类型包括 tf.bfloat16, tf.half, tf.float32, tf.float64, tf.int64, tf.int32, tf.uint8, tf.uint16, tf.uint32, tf.uint64, tf.int8, tf.int16, tf.complex64, tf.complex128, tf.qint8, tf.quint8, tf.qint16, tf.quint16, tf.qint32。
- name：配置运算操作的名称。

示例代码如下：

```
1.  import tensorflow as tf
2.  a=tf.constant(32.0)
3.  b=tf.bitcast(a,type=tf.int32)
4.
5.  print(a.dtype)
6.  <dtype: 'float32'>
7.
8.  print(b.dtype)
9.  <dtype: 'int32'>
```

2.4 TensorFlow 2.0 高阶 API（tf.keras）

在 TensorFlow 2.0 中对大量的高阶 API 库进行了删减与合并，根据官方的解释，这一切的变化都是为了使 TensorFlow 2.0 更加易用和简洁。本节我们以官方推荐的唯一高阶 API 库 tf.keras 为主，概括地介绍 TensorFlow 2.0 的高阶 API。

2.4.1 tf.keras 高阶 API 概览

在 TensorFlow 2.0 版本中完全移除了 tf.contrib 这个高阶 API 库，官方推荐的高阶 API 只有 tf.keras。Keras 是一个意在降低机器学习编程入门门槛的项目，其在业界拥有众多的拥护者和使用者。经过 Keras 社区的多年发展，Keras 集成了很多符合工业和研究需求的高阶 API，使用这些 API 只需要几行代码就可以构建和运行一个非常复杂的神经网络。TensorFlow 官方社区首次宣布发布 TensorFlow 2.0 版本计划时就明确了 Keras 会深度融合到 TensorFlow 中，并且作为官方支持的高阶 API。下面我们看看官方文档中提到的 tf.keras 下的接口模块。

- activations：tf.keras.actibations 中包含了当前主流的激活函数，可以直接通过该 API 进行激活函数的调用。
- applications：tf.keras.applications 中包含的是已经进行预训练的神经网络模型，可以直接进行预测或者迁移学习。目前该模块中包含了主流的神经网络结构。
- backend：tf.keras.backend 中包含了 Keras 后台的一些基础 API 接口，用于实现高阶 API 或者自己构建神经网络。
- datasets：tf.keras.datasets 中包含了常用的公开数据训练集，可以直接进行使用（需要翻墙），数据集有 CIFAR-100、Boston Housing 等。
- layers：tf.keras.layers 中包含了已经定义好的常用的神经网络层。
- losses：tf.keras.losses 中包含了常用的损失函数，可以根据实际需求直接进行调用。
- optimizers：tf.keras.optimizers 中包含了主流的优化器，可以直接调用 API 使用。比如 Adm 等优化器可以直接调用，然后配置所需要的参数即可。
- preprocessing：tf.keras.preprocessing 中包含了数据处理的一些方法，分为图片数据处理、语言序列处理、文本数据处理等，比如 NLP 常用的 pad_sequences 等，在神经网络模型训练前的数据处理上提供了非常强大的功能。
- regularizers：tf.keras.regularizers 中提供了常用的正则化方法，包括 L1、L2 等正则化方法。
- wrappers：tf.keras.wrappers 是一个 Keras 模型的包装器，当需要进行跨框架迁移时，可以使用该 API 接口提供与其他框架的兼容性。
- Sequential 类：tf.keras.Sequential 可以让我们将神经网络层进行线性组合形成神经网络结构。

2.4.2 tf.keras 高阶 API 编程

在后面的章节中，我们会结合实践案例详细讲解主要高阶 API 的使用，而本节将以构建一个线性回归模型为例介绍 TensorFlow 2.0 高阶 API 的使用。

1. 使用 tf.keras 高阶 API 构建神经网络模型

在 TensorFlow 2.0 中可以使用高阶 API tf.keras.Sequential 进行神经网络模型的构建。示例代码如下：

```
1.  #导入所需要的依赖包
2.  import tensorflow as tf
3.  import numpy as np
4.  
5.  #实例化一个tf.keras.Sequential
6.  model=tf.keras.Sequential()
7.  #使用Sequential的add方法添加一层全连接神经网络
8.  model.add(tf.keras.layers.Dense(input_dim=1,units=1))
9.  
10. #使用Sequential的compile方法对神经网络模型进行编译，loss函数使用MSE，
    optimizer使用SGD（随机梯度下降）
11. model.compile(loss='mse',optimizer='sgd')
```

2. 使用 tf.keras 高阶 API 训练神经网络模型

在完成神经网络模型的构建和编译之后，需要准备训练数据，然后对神经网络模型进行训练。可以使用 tf.keras.Sequential 的 fit 方法进行训练，示例代码如下：

```
1.  #随机生成一些训练数据，在-10到10的范围内生成700个等差数列作为训练输入
2.  X = np.linspace(-10, 10, 700)
3.  #通过一个简单的算法生成Y数据，模拟训练数据的标签
4.  Y=2*X+100+np.random.normal(0, 0.1, (700, ))
5.  #开始训练，"verbose=1"表示以进度条的形式显示训练信息，"epochs=200"表
    示训练的epochs为200，"validation_split=0.2"表示分离20%的数据作为验证
    数据
6.  model.fit(X,Y,verbose=1,epochs=200,validation_split=0.2)
```

3. 使用 tf.keras 高阶 API 保存神经网络模型

在完成神经网络模型的训练之后,可以使用 Sequential 的 save 方法将训练的神经网络模型保存为 H5 格式的模型文件。示例代码如下:

```
1.  filename='line_model.h5'
2.  model.save(filename)
3.  print("保存模型为line_model.h5")
```

4. 使用 tf.keras 高阶 API 加载模型进行预测

加载神经网络模型需要使用 tf.keras.models.load_model 这个 API,在完成模型的加载后可以使用 Sequential 的 predict 方法进行预测。示例代码如下:

```
1.  x=tf.constant([0.5])
2.  model=tf.keras.models.load_model(filename)
3.  y=model.predict(x)
4.  print(y)
```

第 3 章
基于 CNN 的图像识别应用编程实践

在本章中我们以 CNN 为基础完成一个 CIFAR-10 图像识别应用,将分为 4 个部分来讲解,分别为:CNN 相关基础理论、TensorFlow 2.0 API、项目工程结构设计和项目实现代码。

3.1 CNN 相关基础理论

在开始编程前先介绍 CNN 的相关基础理论知识,以便更好地理解编程实践中的网络结构设计和数据处理。

3.1.1 卷积神经网络概述

CNN(Convolutional Neural Network,卷积神经网络)是 DNN(深度神经网络)中一个非常重要的并且应用广泛的分支,CNN 自从被提出在图像处理领域得到了大量应用。在工业实践中,CNN 出现了各种分支和应用,从简单的图像识别到图像分割再到图像生成,一直是业界研究的热点。

3.1.2 卷积神经网络结构

卷积神经网络按照层级可以分为 5 层:数据输入层、卷积层、激活层、池化层和全连接层。

1. 数据输入层

数据输入层主要是对原始图像数据进行预处理，预处理方式如下。

- 去均值：把输入数据各个维度都中心化为 0，其目的是把样本数据的中心拉回到坐标系原点上。
- 归一化：对数据进行处理后将其限定在一定的范围内，这样可以减少各维度数据因取值范围差异而带来的干扰。比如有两个维度的特征数据 A 和 B，A 的取值范围是（0,10），而 B 的取值范围是（0,10000），我们会发现在 B 的面前 A 的取值变化是可以忽略的，这样就造成 A 的特征被噪声所淹没。为了防止出现这种情况，就需要对数据进行归一化处理，即将 A 和 B 的数据都限定在（0,1）范围内。
- PCA：通过提取主成分的方式避免数据特征稀疏化。

2. 卷积层

卷积层通过卷积计算将样本数据进行降维采样，以获取具有空间关系特征的数据。

3. 激活层

激活层对数据进行非线性变换处理，目的是对数据维度进行扭曲来获得更多连续的概率密度空间。在 CNN 中，激活层一般采用的激活函数是 ReLU，它具有收敛快、求梯度简单等特点。

4. 池化层

池化层夹在连续的卷积层中间，用于压缩数据的维度以减少过拟合。池化层使得 CNN 具有局部平移不变性，当需要处理那些只关注某个特征是否出现而不关注其出现的具体位置的任务时，局部平移不变性相当于为神经网络模型增加了一个无限强大的先验输入，这样可以极大地提高网络统计效率。当采用最大池化策略时，可以采用最大值来代替一个区域的像素特征，这样就相当于忽略了这个区域的其他像素值，大幅度降低了数据采样维度。

5. 全连接层

和常规的 DNN 一样，全连接层在所有的神经网络层级之间都有权重连接，最终连接到输出层。在进行模型训练时，神经网络会自动调整层级之间的权重以达到拟合数据的目的。

3.1.3 卷积神经网络三大核心概念

1. 稀疏交互

所谓的稀疏交互是指在深度神经网络中，处于深层次的单元可能与绝大部分输入是间接交互的。为了帮助理解，我们可以想象一个金字塔模型，塔顶尖的点与塔底层的点就是一个间接交互的关系。如果特征信息是按照金字塔模型的走向从底层向上逐步传播的，那么可以发现，对于处在金字塔顶尖的点，它的视野可以包含所有底层输入的信息。因为 CNN 具有稀疏交互性，我们可以通过非常小的卷积核来提取巨大维度图像数据中有意义的特征信息，因此稀疏交互性使 CNN 中的输出神经元之间的连接数呈指数级下降，这样神经网络计算的时间复杂度也会呈指数级下降，进而可以提高神经网络模型的训练速度。

2. 参数共享

所谓的参数共享是指在一个模型的多个函数中使用相同的参数，在卷积计算中参数共享可以使神经网络模型只需要学习一个参数集合，而不需要针对每一个位置学习单独的参数集合。参数共享可以显著降低我们需要存储的参数数量，进而提高神经网络的统计效率。

3. 等变表示

所谓的等变表示是指当一个函数输入改变时，如果其输出也以同样的方式改变，那么这个函数就具备等变表示性。这个特性的存在说明卷积函数具备等变性，经过卷积计算之后我们可以等变地获取数据的特征信息。

3.2 TensorFlow 2.0 API 详解

在基于 TensorFlow 2.0 的编程实践中，我们主要通过调用其 API 完成编程，本节将详细讲解本案例编程中使用到的 API。

3.2.1 tf.keras.Sequential

Sequential 是一个方法类，可以帮助我们轻而易举地以堆叠神经网络层的方式集成构建一个复杂的神经网络模型。Sequential 提供了丰富的方法，利用这些方法可以快速地实现神经网络模型的网络层级集成、神经网络模型编译、神经网络模型训练和保存，以及神经网络模型加载和预测。

1. 神经网络模型的网络层级集成

我们使用 Sequential().add()方法来实现神经网络层级的集成，可以根据实际需要将 tf.keras.layers 中的各类神经网络层级添加进去。示例代码如下：

```
1.  import tensorflow as tf
2.  model = tf.keras.Sequential()
3.  #使用add方法集成神经网络层级
4.  model.add(tf.keras.layers.Dense(256, activation="relu"))
5.  model.add(tf.keras.layers.Dense(128, activation="relu"))
6.  model.add(tf.keras.layers.Dense(2, activation="softmax"))
```

在上面的示例代码中完成了三个全连接神经网络层级的集成，构建了一个全连接神经网络模型。

2. 神经网络模型编译

在完成神经网络层级的集成之后需要对神经网络模型进行编译，只有编译后才能对神经网络模型进行训练。对神经网络模型进行编译是将高阶 API 转换成可以直接运行的低阶 API，理解时可以类比高级开发语言的编译。Sequential().compile()提供了神经网络模型的编译功能，示例代码如下：

```
model.compile(loss="sparse_categorical_crossentropy",optimizer=
tf.keras.optimizers.Adam(0.01),metrics=["accuracy"]
```

在 compile 方法中需要定义三个参数，分别是 loss、optimizer 和 metrics。loss 参数用来配置模型的损失函数，可以通过名称调用 tf.losses API 中已经定义好的 loss 函数；optimizer 参数用来配置模型的优化器，可以调用 tf.keras.optimizers API 配置模型所需要的优化器；metrics 参数用来配置模型评价的方法，如 accuracy、mse 等。

3. 神经网络模型训练和保存

在神经网络模型编译后，我们可以使用准备好的训练数据对模型进行训练，Sequential().fit()方法提供了神经网络模型的训练功能。Sequential().fit()有很多集成的参数需要配置，其中主要的配置参数如下。

- x：配置训练的输入数据，可以是 array 或者 tensor 类型。
- y：配置训练的标注数据，可以是 array 或者 tensor 类型。
- batch_size：配置批大小，默认值是 32。
- epochs：配置训练的 epochs 的数量。
- verbose：配置训练过程信息输出的级别，共有三个级别，分别是 0、1、2。0 代表不输出任何训练过程信息；1 代表以进度条的方式输出训练过程信息；2 代表每个 epoch 输出一条训练过程信息。
- validation_split：配置验证数据集占训练数据集的比例，取值范围为 0～1。
- validation_data：配置验证数据集。如果已经配置 validation_split 参数，则可以不配置该参数。如果同时配置 validation_split 和 validation_data 参数，那么 validation_split 参数的配置将会失效。
- shuffle：配置是否随机打乱训练数据。当配置 steps_per_epoch 为 None 时，本参数的配置失效。
- initial_epoch：配置进行 fine-tune 时，新的训练周期是从指定的 epoch 开始继续训练的。
- steps_per_epoch：配置每个 epoch 训练的步数。

我们可以使用 save()或者 save_weights()方法保存并导出训练得到的模型，在使用这两个方法时需要分别配置以下参数。

save()方法的参数配置	save_weights()方法的参数配置
- filepath：配置模型文件保存的路径。 - overwrite：配置是否覆盖重名的 HDF5 文件。 - include_optimizer：配置是否保存优化器的参数。	- filepath：配置模型文件保存的路径。 - overwrite：配置是否覆盖重名的模型文件。 - save_format：配置保存文件的格式。

4. 神经网络模型加载和预测

当需要使用模型进行预测时，可以使用 tf.keras.models 中的 load_model()方法重新加载已经保存的模型文件。在完成模型文件的重新加载之后，可以使用 predict()方法对数据进行预存输出。在使用这两个方法时需要分别进行如下参数配置。

load_model()方法的参数配置	predict()方法的参数配置
• filepath：加载模型文件的路径。 • custom_objects：配置神经网络模型自定义的对象。如果自定义了神经网络层级，则需要进行配置，否则在加载时会出现无法找到自定义对象的错误。 • compile：配置加载模型之后是否需要进行重新编译。	• x：配置需要预测的数据集，可以是 Array 或者 Tensor。 • batch_size：配置预测时的批大小，默认值是 32。

3.2.2 tf.keras.layers.Conv2D

使用 Conv2D 可以创建一个卷积核来对输入数据进行卷积计算，然后输出结果，其创建的卷积核可以处理二维数据。依此类推，Conv1D 可以用于处理一维数据，Conv3D 可以用于处理三维数据。在进行神经网络层级集成时，如果使用该层作为第一层级，则需要配置 input_shape 参数。在使用 Conv2D 时，需要配置的主要参数如下。

- filters：配置输出数据的维度，数值类型是整型。
- kernel_size：配置卷积核的大小。这里使用的是二维卷积核，因此需要配置卷积核的长和宽。数值是包含两个整型元素值的列表或者元组。
- strides：配置卷积核在做卷积计算时移动步幅的大小，分为 X、Y 两个方向的步幅。数值是包含两个整型元素值的列表或者元组，当 X、Y 两个方向的步幅大小一样时，只需要配置一个步幅即可。
- padding：配置图像边界数据处理策略。SAME 表示补零，VALID 表示不进行补零。在进行卷积计算或者池化时都会遇到图像边界数据处理的问题，当边界像素不能正好被卷积或者池化的步幅整除时，只能在边界外补零凑成一个步幅长度，或者直接舍弃边界的像素特征。
- data_format：配置输入图像数据的格式，默认格式是 channels_last，也可以根据需要设置成 channels_first。图像数据的格式分为 channels_last

(batch, height, width, channels)和 channels_first(batch, channels, height, width)两种。
- dilation_rate：配置使用扩张卷积时每次的扩张率。
- activation：配置激活函数，如果不配置则不会使用任何激活函数。
- use_bias：配置该层的神经网络是否使用偏置向量。
- kernel_initializer：配置卷积核的初始化。
- bias_initializer：配置偏置向量的初始化。

3.2.3 tf.keras.layers.MaxPool2D

MaxPool2D 的作用是对卷积层输出的空间数据进行池化，采用的池化策略是最大值池化。在使用 MaxPool2D 时需要配置的参数如下。

- pool_size：配置池化窗口的维度，包括长和宽。数值是包含两个整型元素值的列表或者元组。
- strides：配置卷积核在做池化时移动步幅的大小，分为 X、Y 两个方向的步幅。数值是包含两个整型元素值的列表或者元组，默认与 pool_size 相同。
- padding：配置处理图像数据进行池化时在边界补零的策略。SAME 表示补零，VALID 表示不进行补零。在进行卷积计算或者池化时都会遇到图像边界数据的问题，当边界像素不能正好被卷积或者池化的步幅整除时，就只能在边界外补零凑成一个步幅长度，或者直接舍弃边界的像素特征。
- data_format：配置输入图像数据的格式，默认格式是 channels_last，也可以根据需要设置成 channels_first。在进行图像数据处理时，图像数据的格式分为 channels_last(batch, height, width, channels)和 channels_first(batch, channels, height, width)两种。

3.2.4 tf.keras.layers.Flatten 与 tf.keras.layer.Dense

- Flatten 将输入该层级的数据压平，不管输入数据的维度数是多少，都会被压平成一维。这个层级的参数配置很简单，只需要配置 data_format 即可。data_format 可被设置成 channels_last 或 channels_first，默认值是 channels_last。

- Dense 提供了全连接的标准神经网络。

3.2.5 tf.keras.layers.Dropout

对于 Dropout 在神经网络模型中具体作用的认识，业界分为两派，其中一派认为 Dropout 极大简化了训练时神经网络的复杂度，加快了神经网络的训练速度；另一派认为 Dropout 的主要作用是防止神经网络的过拟合，提高了神经网络的泛化性。简单来说，Dropout 的工作机制就是每步训练时按照一定的概率随机使神经网络的神经元失效，这样可以极大降低连接的复杂度。同时由于每次训练都是由不同的神经元协同工作的，这样的机制也可以很好地避免数据带来的过拟合，提高了神经网络的泛化性。在使用 Dropout 时，需要配置的参数如下。

- rate：配置神经元失效的概率。
- noise_shape：配置 Dropout 的神经元。
- seed：生成随机数。

3.2.6 tf.keras.optimizers.Adam

Adam 是一种可以替代传统随机梯度下降算法的梯度优化算法，它是由 OpenAI 的 Diederik Kingma 和多伦多大学的 Jimmy Ba 在 2015 年发表的 ICLR 论文（*Adam: A Method for Stochastic Optimization*）中提出的。Adam 具有计算效率高、内存占用少等优势，自提出以来得到了广泛应用。Adam 和传统的梯度下降优化算法不同，它可以基于训练数据的迭代情况来更新神经网络的权重，并通过计算梯度的一阶矩阵估计和二阶矩阵估计来为不同的参数设置独立的自适应学习率。Adam 适用于解决神经网络训练中的高噪声和稀疏梯度问题，它的超参数简单、直观并且只需要少量的调参就可以达到理想的效果。官方推荐的最优参数组合为（alpha=0.001, beta_1=0.9, beta_2=0.999, epsilon=10E-8），在使用时可以配置如下参数。

- learning_rate：配置学习率，默认值是 0.001。
- beta_1：配置一阶矩估计的指数衰减率，默认值是 0.9。
- beta_2：配置二阶矩估计的指数衰减率，默认值是 0.999。
- epsilon：该参数是一个非常小的数值，防止出现除以零的情况。

- amsgrad：配置是否使用 AMSGrad。
- name：配置优化器的名称。

3.3 项目工程结构设计

如图 3-1 所示，整个项目工程结构分为两部分：文件夹和代码文件，在编程实践中强烈建议采用文件夹和代码文件的方式来设计项目工程结构。所谓的文件夹和代码文件的方式是指把所有的 Python 代码文件放在根目录下，其他静态文件、训练数据文件和模型文件等都放在文件夹中。

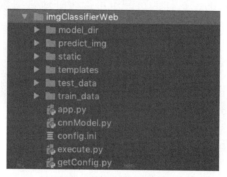

图3-1　项目工程结构

从 Python 代码文件可以看出，这个项目分为四个部分：配置工具、CNN 模型、执行器和应用程序。配置工具提供了将神经网络超参数配置动作通过配置文件进行调整的功能；CNN 模型是为了完成本项目的需求而设计的卷积神经网络；执行器中定义了训练数据读取、训练模型保存、模型预测等一系列方法；应用程序是一个基于 Flask 的简单 Web 应用程序，用于人机交互。

在文件夹中，model_dir 存放的是训练结果模型文件，也是在预测时加载模型文件的路径；predict_img 存放的是我们上传的图像，通过调用预测程序进行预测；train_data 存放的是训练数据，包含测试数据；web_static 和 web_templates 存放的是 Web 应用程序所需的 HTML、JS 等静态文件。

3.4 项目实现代码详解

本章的项目实现代码会在 GitHub 上开源，本节主要对源代码进行详细注释和讲解相应的编程知识点。项目实现代码包括工具类实现、cnnModel 实现、执行器实现、Web 应用实现的代码。

3.4.1 工具类实现

在实际的项目实践中,我们往往需要对参数进行频繁的调整,因此定义一个工具类来读取配置文件中的配置参数,这样当需要调参时,只需对配置文件中的参数进行调整即可。

```
1.  #引入configparser包,它是Python中用于读取配置文件的包,配置文件的格式可以为:[](其中包含的为section)
2.  import configparser
3.  #定义读取配置文件函数,分别读取section的配置参数,section包括ints、floats、strings
4.  def get_config(config_file='config.ini'):
5.      parser=configparser.ConfigParser()
6.      parser.read(config_file)
7.      #获取整型参数,按照key-value的形式保存
8.      _conf_ints = [(key, int(value)) for key, value in parser.items('ints')]
9.      #获取浮点型参数,按照key-value的形式保存
10.     _conf_floats = [(key, float(value)) for key, value in parser.items('floats')]
11.     #获取字符型参数,按照key-value的形式保存
12.     _conf_strings = [(key, str(value)) for key, value in parser.items('strings')]
13.     #返回一个字典对象,包含读取的参数
14.     return dict(_conf_ints + _conf_floats + _conf_strings)
```

对应本章项目中的神经网络超参数的配置文件如下:

```
1.  strings]
2.  #Mode: train, test, serve 配置执行器的工作模式
3.  mode = train
4.  #配置模型文件的存储路径
5.  working_directory = model
6.  #配置训练文件的路径
7.  dataset_path=train_data/
8.
9.  [ints
```

```
10.  #配置分类图像的种类数量
11.  num_dataset_classes=10
12.  #配置训练数据的总大小
13.  dataset_size=50000
14.  #配置图像输入的尺寸
15.  im_dim=32
16.  num_channels = 3
17.  #配置训练文件的数量
18.  num_files=5
19.  #配置每个训练文件中的图像数量
20.  images_per_file=10000
21.  #配置批训练数据的大小
22.  batch_size=32
23.
24.  [floats]
25.  #配置Dropout神经元失效的概率
26.  rate=0.5
```

3.4.2 cnnModel 实现

在 cnnModel 实现上我们采用了 tf.keras 这个高阶 API 类，定义了四层卷积神经网络，输出维度分别是 32、64、128 和 256，最后在输出层定义了四层全连接神经网络，输出维度分别是 256、128、64 和 10。在定义卷积神经网络过程中，按照一个卷积神经网络标准的结构进行定义，使用最大池化（maxpooling）策略进行降维特征提取，使用 Dropout 防止过拟合。

```
1.   #引入所需要的依赖包，这里用到了tensorflow、numpy以及自定义配置获取包getConfig
2.
3.   import tensorflow as tf
4.   import numpy as np
5.   import getConfig
6.
7.   #初始化一个字典，用于存放配置获取函数返回的配置参数
8.   gConfig={}
9.   gConfig=getConfig.get_config(config_file='config.ini')
10.  #定义cnnModel方法类，object类型，这样在执行器中可以直接实例化一个CNN进行训练
```

```
11. class cnnModel(object):
12.     def __init__(self ,rate):
13.         #定义Droupt神经元失效的概率
14.         self.rate=rate
15.     #定义一个网络模型,这是使用tf.keras.Sequential进行网络模型定义的标准形式
16.     def createModel(self):
17.         #实例化一个Sequnential,接下来就可以使用add方法来叠加所需的网络层
18.         model=tf.keras.Sequential()
19.         #添加一个二维卷积层,输出数据维度为32,卷积核维度为3×3。输入数据维度为[32,32,3],这里的维度是WHC格式的,意思是输入图像像素为32×32的尺寸,使用3通道也就是RGB的像素值。同样,如果图像是64×64尺寸的,则可以设置输入数据维度为[64,64,3],如果图像尺寸不统一,则参照第1章的PIL部分处理
20.         model.add(tf.keras.layers.Conv2D(32,(3,3),kernel_initializer='he_normal',strides=1,padding='same',activation='relu',input_shape=[32,32,3],name="conv1"))
21.         #添加一个二维池化层,使用最大值池化,池化维度为2×2。也就是说,在一个2×2的像素区域内取一个像素最大值作为该区域的像素特征
22.         model.add(tf.keras.layers.MaxPool2D((2,2),strides=1,padding='same',name="pool1"))
23.         #添加一个批量池化层 BacthNormalization
24.         model.add(tf.keras.layers.BacthNormalization())
25.         #添加第二个卷积层,输出数据维度为64,卷积核维度是3×3
26.         model.add(tf.keras.layers.Conv2D(64,(3,3),kernel_initializer='he_normal',strides=1,padding='same',activation='relu', name="conv2"))
27.         #添加第二个二维池化层,使用最大值池化,池化维度为2×2
28.         model.add(tf.keras.layers.MaxPool2D((2,2),strides=1,padding='same',name="pool2"))
29.         #添加一个批量池化层 BacthNormalization
30.         model.add(tf.keras.layers.BacthNormalization())
31.         #添加第三个卷积层,输出数据维度为128,卷积核维度是3×3
32.         model.add(tf.keras.layers.Conv2D(128,(3,3),kernel_initializer='he_normal',strides=1,padding='same',activation='relu', name="conv3"))
33.         #添加第三个二维池化层,使用最大值池化,池化维度为2×2
```

```
34.         model.add(tf.keras.layers.MaxPool2D((2,2),strides=1,
    padding='same',name="pool3"))
35.         #添加一个批量池化层 BacthNormalization
36.         model.add(tf.keras.layers.BacthNormalization())
37.
38.         #在经过卷积和池化完成特征提取之后，紧接着就是一个全连接的深度神
    经网络。在将数据输入深度神经网络之前主要进行数据的Flatten操作，就是将之前
    长、宽像素值三个维度的数据压平成一个维度，这样可以减少参数的数量。因此，
    在卷积层和全连接神经网络之间添加一个Flatten层
39.         model.add(tf.keras.layers.Flatten(name="flatten"))
40.         #添加一个Dropout层，防止过拟合，加快训练速度
41.         model.add(tf.keras.layers.Dropout(rate=self.rate, name=
    "d3"))
42.         #最后一层作为输出层，因为是进行图像的10分类，所以输出数据维度是
    10，使用softmax作为激活函数。softmax是一个在多分类问题上使用的激活函数，
    如果是二分类问题，则sotfmax和sigmod的作用是类似的
43.         model.add(tf.keras.layers.Dense(10, activation='softmax'))
44.
45.         #在完成神经网络的设计后，我们需要对网络模型进行编译，生成可
    以训练的模型。在进行编译时，需要定义损失函数（loss）、优化器（optimizer）、
    模型评价标准（metrics），这些都可以使用高阶API直接调用
46.         model.compile(loss="categorical_crossentropy",optimizer=
    tf.keras.optimizers.Adam(),metrics=["accuracy"])
47.
48.         return model
```

3.4.3 执行器实现

执行器的主要作用是读取训练数据、实例化神经网络模型、循环训练神经网络模型、保存神经网络模型和调用模型完成预测。在执行器的实现上需要定义以下函数：read_data 函数用于读取训练集数据；create_model 函数用于进行神经网络的实例化；train 函数用于进行神经网络模型的循环训练和保存；predict 函数用于进行模型加载和结果预测。

```
1.  #导入所需要的依赖包
2.  import tensorflow as tf
3.  import numpy as np
4.  from cnnModel import cnnModel
```

```
5.  import os
6.  import pickle
7.  import time
8.  import getConfig
9.  import sys
10. #random是一个产生随机数的包,可以根据需要产生相应的随机数
11. import random
12. gConfig = {}
13. #调用get_config读取配置文件中的参数
14. gConfig=getConfig.get_config(config_file="config.ini")
15. #定义数据读取函数,在这个函数中完成数据读取、格式转换操作
16. def read_data(dataset_path, im_dim, num_channels,num_files,
    images_per_file):        #获取文件夹中的数据文件名
17.        files_names = os.listdir(dataset_path)
18.        #获取训练集中训练文件的名称
19.        """
20.        在CIFAR-10中已经为我们标注和准备好了数据,如果一时找不到合适的高
    质量的标注训练集,那么就使用CIFAR-10来作为训练集
21.        在训练集中一共有50 000个训练样本,放到5个二进制文件中,每个样本有
    3072个像素点,维度是32×32×3
22.        """
23.        #创建空的多维数组用于存放图像二进制数据
24.        dataset_array = np.zeros(shape=(num_files * images_per_file,
    im_dim, im_dim, num_channels))
25.        #创建空的数组用于存放图像的标注信息
26.        dataset_labels = np.zeros(shape=(num_files * images_per_file),
    dtype=np.uint8)
27.        index = 0
28.        #从训练集中读取二进制数据并将其维度转换成32×32×3
29.        for file_name in files_names:
30.
31.            if file_name[0:len(file_name)-1] == "data_batch_":
32.                print("正在处理数据 : ", file_name)
33.                data_dict = unpickle_patch(dataset_path + file_name)
34.                images_data = data_dict[b"data"]
35.                print(images_data.shape)
36.                #将格式转换为32×32×3形状
37.                images_data_reshaped = np.reshape(images_data,
```

```
38.     newshape= (len(images_data), im_dim, im_dim, num_channels))
39.             #将维度转换后的图像数据存入指定数组内
40.             dataset_array[index * images_per_file:(index + 1) *
    images_per_file, :, :, :] = images_data_reshaped
41.             #将维度转换后的标注数据存入指定数组内
42.             dataset_labels[index * images_per_file: (index + 1) *
    images_per_file] = data_dict[b"labels"]
43.             index = index + 1
44.         return dataset_array, dataset_labels   # 返回数据
45. #定义pickle文件格式的数据读取函数,pickle是一个二进制文件,我们需要读取
    其中的数据并将数据放入一个字典中
46. def unpickle_patch(file):
47.     #打开文件,读取二进制文件,返回读取到的数据
48.     patch_bin_file = open(file, 'rb')
49.     patch_dict = pickle.load(patch_bin_file, encoding='bytes')
50.     return patch_dict
51.
52. #定义模型实例化函数,主要判断是否有预训练模型,如果有则优先加载预训练模型;
    判断是否有已经保存的训练文件,如果有则加载该文件继续训练,否则构建实例化
    神经网络模型进行训练。
53. def create_model():
54.     #判断是否存在预训练模型
55.     if 'pretrained_model'in gConfig:
56.         model=tf.keras.models.load_model(gConfig['pretrained_model'])
57.         return model
58.     ckpt=tf.io.gfile.listdir(gConfig['working_directory'])
59.
60.
61.     #判断是否存在模型文件,如果存在则加载该模型文件并继续训练;如果不存在
    则新建模型相关文件
62.     if ckpt:
63.         model_file=os.path.join(gConfig['working_directory'],
    ckpt[-1])
64.         print("Reading model parameters from %s" % model_file)
65.         model=tf.keras.models.load_model(model_file)
66.         return model
67.     else:
68.         model=cnnModel(gConfig['learning_rate'] ,gConfig['rate'])
```

```
69.      model=model.createModel()
70.      return model
71.
72. #读取训练集的数据,根据read_data函数的参数定义需要传入dataset_path、
    im_dim、num_channels、num_files、images_per_file
73. dataset_array, dataset_labels = read_data(dataset_path=gConfig
    ['dataset_path'], im_dim=gConfig['im_dim'],
74.     num_channels=gConfig['num_channels'],num_files=gConfig
    ['num_files'],images_per_file=gConfig['images_per_file'])
75. #对训练输入数据进行归一化处理,取值范围为(0,1)
76. dataset_array= dataset_array.astype('float32')/255
77. #对标注数据进行one-hot编码
78. dataset_labels=tf.keras.utils.to_categorical(dataset_labels,10)
79. #定义训练函数
80. def train():
81.     #实例化一个神经网络模型
82.     model=create_model()
83.     #开始进行模型训练
84.     history=model.fit(dataset_array,dataset_labels,verbose=1,
    epochs=100,validation_split=0.2)
85.
86.     #将完成训练的模型保存起来
87.     filename='cnn_model.h5'
88.     checkpoint_path = os.path.join(gConfig['working_directory'],
    filename)
89.     model.save(checkpoint_path)
90. #定义预测函数,加载所保存的模型文件并进行预测
91. def predict(data):
92.     #获取最新的模型文件路径
93.     ckpt=os.listdir(gConfig['working_directory'])
94.     checkpoint_path = os.path.join(gConfig['working_directory'],
    'cnn_model.h5' )
95.     #加载模型文件
96.     model=tf.keras.models.load_model(checkpoint_path)
97.     #对数据进行预测
98.     predicton=model.predict(data)
99.     #使用argmax获取预测结果
100.    index=tf.math.argmax(predicton[0]).numpy()
```

```
101.    #返回预测的分类名称
102.    return index
103.#定义启动函数入口
104.if __name__=='__main__':
105.    gConfig = getConfig.get_config()
106.    if gConfig['mode']=='train':
107.        train()
108.    elif gConfig['mode']=='server':
109.        print('请使用:python3 app.py')
```

3.4.4 Web 应用实现

Web 应用的主要功能包括完成页面交互、图片格式判断、图片上传以及预测结果的返回展示。这里我们使用 Flask 这个轻量级 Web 应用框架来实现简单的页面交互和预测结果展示功能。

```
1.  import flask
2.  import werkzeug
3.  import os
4.  import execute
5.  import getConfig
6.  import requests
7.  import pickle
8.  from flask import request,jsonify
9.  import numpy as np
10. from PIL import Image
11. gConfig = {}
12. gConfig = getConfig.get_config(config_file='config.ini')
13.
14. #实例化一个Flas应用，命名为imgClassifierWeb
15. app = flask.Flask("imgClassifierWeb")
16. #定于预测函数
17. def CNN_predict():
18.     #获取图片分类名称存放的文件
19.     file = gConfig['dataset_path'] + "batches.meta"
20.     #读取图片分类名称，并保存到一个字典中
21.     patch_bin_file = open(file, 'rb')
22.     label_names_dict = pickle.load(patch_bin_file)["label_names"]
```

```
23.     #全局声明一个文件名
24.     global secure_filename
25.     #从本地目录中读取需要分类的图片
26.     img = Image.open(os.path.join(app.root_path, secure_filename))
27.     #将读取的像素格式转换为RGB，并分别获取RGB通道对应的像素数据
28.     r,g,b=img.split()
29.     #分别将获取的像素数据放入数组中
30.     r_arr=np.array(r)
31.     g_arr=np.array(g)
32.     b_arr=np.array(b)
33.     #将三个数组进行拼接
34.     img=np.concatenate((r_arr,g_arr,b_arr))
35.     #对拼接后的数据进行维度变换和归一化处理
36.     image=img.reshape([1,32,32,3])/255
37.
38.     #调用执行器execute的predict函数对图像数据进行预测
39.     predicted_class=execute.predict(image)
40.     predicted_class=label_names_dict[predicted_class]
41.     #将返回的结果用页面模板渲染出来
42.     return flask.render_template(template_name_or_list=
    "prediction_result.html", predicted_class=predicted_class)
44. app.add_url_rule(rule="/predict/", endpoint="predict", view_func=
    CNN_predict)
45.
46. def upload_image():
47.     global secure_filename
48.     if flask.request.method == "POST":    #设置request的模式为POST
49.         #获取需要分类的图片
50.         img_file = flask.request.files["image_file"]
51.         #生成一个没有乱码的文件名
52.         secure_filename = werkzeug.secure_filename(img_file.filename)
53.         #获取图片的保存路径
54.         img_path = os.path.join(app.root_path, secure_filename)
55.         #将图片保存在应用的根目录下
56.         img_file.save(img_path)
57.         print("图片上传成功.")
58.         return flask.redirect(flask.url_for(endpoint="predict"))
59.     return "图片上传失败"
```

```
60.
61. #增加图片上传的路由入口
62. app.add_url_rule(rule="/upload/", endpoint="upload", view_func=
    upload_image, methods=["POST"])
63.
64. def redirect_upload():
65.     return flask.render_template(template_name_or_list=
    "upload_image.html")
66.
67. #增加默认主页的路由入口
68. app.add_url_rule(rule="/", endpoint="homepage", view_func=
    redirect_upload)
69. if __name__ == "__main__":
70.     app.run(host="0.0.0.0", port=7777, debug=False)
```

第 4 章
基于 Seq2Seq 的中文聊天机器人编程实践

自然语言处理（NLP）中的语言对话一直是机器学习的"圣杯"，也是机器学习挑战图灵测试的主力。从人工智能的概念被提出开始，语言对话任务一直是业界研究的热点，本章我们通过 NLP 基础理论知识、Seq2Seq 模型来介绍中文聊天机器人的原理，并使用 TensorFlow 2.0 的高阶 API 完成编程。

4.1 NLP 基础理论知识

自然语言处理（NLP）是人工智能应用比较成熟的领域，本节我们将通过语言模型、循环神经网络（RNN）和 Seq2Seq 模型来介绍 NLP 基础理论知识。

4.1.1 语言模型

语言模型其实是一个打分模型，通过对一句话进行打分来判断这句话是否符合人类的自然语言习惯。语言模型的发展历史久远，经历了统计语言模型、n-gram 语言模型和神经网络语言模型三个阶段。

1. 统计语言模型

统计语言模型是统计每个词出现的频次来形成词频字典，然后根据输入计算下一个输出词的概率，最后形成输出语句的。统计语言模型输出语句的概率是依据贝叶斯公式进行链式分解计算得到的，计算公式如下：

$$p(w_1,w_2,w_3,\cdots,w_n) = p(w_1)p(w_2|w_1)p(w_3|w_1w_2)\cdots p(w_n|w_1w_2w_3\cdots w_n)$$

这样的计算求解方法虽然直观、明了，但存在着致命的缺陷。我们细想一下就会发现，如果字典中有 1000 个词，当处理一个句子长度为 3 的语句时，则需要计算输出语句概率 P 的数量是 1000^3；当句子长度为 10 时，需要计算输出语句概率 P 的数量是 1000^{10}。在计算完输出语句的概率之后，需要选择 P 值输出语句作为最终的生成语句。以上计算过程在通用算力下几乎是不可能完成的。

2. n–gram 语言模型

我们发现，利用统计语言模型计算输出语句概率的数量大到无法计算，是由依据贝叶斯公式通过链式法则进行展开后全量连乘所引起的，那么解决这个问题的方法只有一个，就是缩短连乘的长度，其理论依据是马尔可夫假设。简单来说，所谓的马尔可夫假设就是指当前的状态只与过去有限时间内的状态有关。比如你在路上看到红灯会停下来，你停下来的状态只与过去有限时间内红绿灯是否显示为红灯有关，而与上一个显示灯次甚至更远时间内的红绿灯是否显示为红灯无关。基于马尔可夫假设的语言模型称为 n-gram，这里的 n 表示马尔可夫链的长度，表示当前状态与前 $n-1$ 个时间点事件有关。当 $n=1$ 时，表示一个词出现的概率与其周围的词出现的概率是相互独立的，称为 unigram。在 unigram 中，假设字典大小为 1000，我们所需计算的输出语句概率 P 的数量为 1000。依此类推，当 $n=2$ 时，表示一个词出现的概率只与其前一个词出现的概率有关，称为 bigram。在 bigram 中，假设字典大小为 1000，我们所需计算的输出语句概率 P 的数量为 1000×1000。当 $n=3$ 时，表示一个词出现的概率只与其前两个词出现的概率有关，称为 trigram。在 trigram 中，假设字典大小为 1000，我们所需计算的输出语句概率 P 的数量为 $1000 \times 1000 \times 1000$。一般我们选择 trigram，因为如果 n 过大的话，则同样会出现统计语言模型遇到的问题。

3. 神经网络语言模型

神经网络语言模型是 Begio 等人在 2003 年发表的 *A Neural Probabilistic Language Model* 论文中提出的方法，其在 n-gram 语言模型的基础上进行了改进。神经网络语言模型采用 one-hot（独热编码）表示每个词的分布情况，将输入语句进行编码转换后输入神经网络，经过 tanh 非线性变换和 softmax 归一化后得到一个总和为 1 的向量，在向量中最大元素的下标作为输出词的字典编码，通过字典编码查询字典得到最终的输出词。以上过程一次可以得到一个输出词，如果要输出一句话就需要循环以上的过程，这就是我们接下来要讲的循环神经网络。

4.1.2 循环神经网络

循环神经网络（Recurrent Neural Network，RNN）是神经网络专家 Jordan、Pineda、Williams、Elman 等人于 20 世纪 80 年代末提出的一种神经网络结构模型，这种网络的特征是在神经元之间既有内部的反馈连接又有前馈连接。当前主流的 NLP 应用都集中在 RNN 领域，因此出现了很多 RNN 的变种。

1. RNN 存在的缺陷

RNN 的提出是神经网络语言模型领域一次非常大的突破，但人们在应用的过程中发现 RNN 存在两个致命的缺陷：梯度消失和梯度爆炸。我们可以通过下面的公式推导来说明这两个缺陷产生的原因。现代的神经网络训练全部采用梯度下降法来驱动神经网络参数的更新，而梯度求解是进行神经网络参数更新的前提。在 RNN 训练中，梯度是目标函数（Object Function）对神经网络参数矩阵求导得到的，公式如下：

$$\frac{\partial J}{\partial W_t} = \frac{\partial J}{\partial h_{t+n}} \frac{\partial h_{t+n}}{\partial h_{t+n-1}} \cdots \frac{\partial h_{t+1}}{\partial h_t} \frac{\partial h_t}{\partial W_t}$$

J 是 RNN 的目标函数，训练的目的是将目标函数的值最小化；W_t 是 RNN 的参数矩阵，其代表当前时刻的神经网络参数状态。在求导的过程中需要用到链式法则对求导公式进行展开，上面的公式就是通过梯度求解公式的链式法则进行展开的。在 RNN 中 $h_{t+1} = f(h_t)$，$f(h_t)$ 是神经元的激活函数，假设使用 tanh 双曲线激活函数，通过观察展开后的公式可以发现规律：

$$\frac{\partial h_{t+n}}{\partial h_{t+n-1}} \cdots \frac{\partial h_{t+1}}{\partial h_t} = \prod_{i=t}^{t+n-1} \frac{\partial \tanh(a_i)}{\partial a_i} W$$

那么最后的梯度求解公式就变成如下：

$$\frac{\partial J}{\partial W_t} = \frac{\partial J}{\partial h_{t+n}} \frac{\partial h_t}{\partial W_t} \prod_{i=t}^{t+n-1} \frac{\partial \tanh(a_i)}{\partial a_i} W$$

根据连乘特性，上面的公式可以进一步变形，变成如下公式：

$$\frac{\partial J}{\partial W_t} = \frac{\partial J}{\partial h_{t+n}} \frac{\partial h_t}{\partial W_t} \prod_{i=t}^{t+n-1} \frac{\partial \tanh(a_i)}{\partial a_i} \prod_{i=t}^{t+n-1} W$$

我们可以发现，最后梯度的大小趋势与 $\prod_{i=t}^{t+n-1} W$ 的值是正相关的，W 是参数矩阵，那么：

- 当 $|W|<1$ 时，$\prod_{i=t}^{t+n-1} W$ 趋向于 0，导致梯度也趋向于 0，由此会产生梯度消失的问题。
- 当 $|W|>1$ 时，$\prod_{i=t}^{t+n-1} W$ 趋向于 ∞，导致梯度也趋向于 ∞，由此会产生梯度爆炸的问题。

这两个缺陷在神经网络训练过程中到底会带来哪些问题呢？我们看一下在反向传播中参数更新的公式，就会发现这两个缺陷带来的问题。参数更新的公式如下：

$$\theta_{t+1} = \theta_t - \eta \Delta \theta_t$$

在上面的公式中，θ_{t+1} 是下一个训练循环时的参数集，θ_t 是当前训练循环时的参数集，η 是学习率，$\Delta \theta_t$ 是当前循环训练的梯度。不难发现，当梯度 $\Delta \theta_t$ 趋向于 0 时，$\theta_{t+1} \approx \theta_t$，即参数不会更新，导致模型也无法得到进一步优化；当梯度 $\Delta \theta_t$ 趋向于∞时，$\theta_{t+1} \approx -\infty$，即一旦出现梯度爆炸，之前训练得到的参数就消失了。相比于梯度消失，梯度爆炸带来的后果更严重，但是梯度爆炸的问题却比较容易处理，可以采用限制梯度最大值或者梯度分割的方式来解决。而梯度消失的问题是非常难以解决的，目前只能从网络结构上进行优化，但也不能完全避免。RNN 的变种 LSTM 就是为了解决梯度消失的问题而进行的网络结构优化。

2. RNN 的变种

为了提高 RNN 的训练效果以及解决梯度消失的问题，业界提出了 RNN 的变种 LSTM（长短期记忆神经网络），LSTM 区别于 RNN 的地方在于它在算法中加入了一个判断信息有用与否的"处理器"，这个处理器被称为 cell。

在一个 cell 中被放置了三个门，分别叫作输入门、遗忘门和输出门。

从图 4-1 中我们可以发现，LSTM 的表达式可以写成如下公式：

$$h_t, c_t = f(h_{t-1}, c_{t-1}, x_t)$$

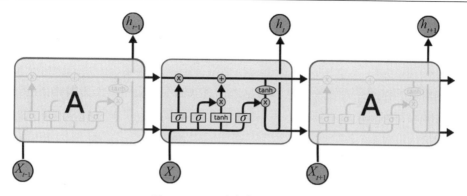

图4-1 LSTM的内部网络连接图

LSTM 的梯度由两部分组成：RNN 结构的梯度和线性变换函数的梯度。线性变换函数的梯度就是函数的斜率，是一个常数。由于线性变换函数梯度的存在，当 RNN 的梯度过小趋近于 0 时，LSTM 的梯度趋向于一个常数。因此，LSTM 通过引入一个梯度常数的方式避免了梯度消失的问题。

在 LSTM 的演进过程中，为了解决 LSTM 多门结构带来的训练速度慢的问题，人们提出了精简结构的 LSTM 的变种 GRU，GRU 是当前应用比较广泛的一种 RNN 结构。相比于 LSTM 的三个门结构，只有两个门（分别是更新门和重置门）的 GRU 在网络结构上更加简单，因此 GRU 在训练速度上比 LSTM 更快。通过实验发现，LSTM 和 GRU 在训练效果上各有所长，有些任务使用 LSTM 的效果更好，有些任务选择 GRU 更好。在实际使用的过程中，建议对这两种网络结构都进行尝试，最终根据其实际效果进行选择。

4.1.3　Seq2Seq 模型

Seq2Seq 的全称是 Sequence to Sequence，它是基于 Encoder-Decoder 框架的 RNN 的变种。Seq2Seq 引入了 Encoder-Decoder 框架，提高了神经网络对长文本信息的提取能力，取得了比单纯使用 LSTM 更好的效果。目前 Seq2Seq 在各种自然语言处理的任务中得到大量的应用，最常用的是语言翻译和语言生成。Seq2Seq 中有两个非常重要的概念需要我们掌握，其中一个是 Encoder-Decoder 框架；另一个是 Attention 机制。

1. Encoder–Decoder 框架

Encoder-Decoder 是处理输入、输出长短不一的多对多文本预测问题的框架，其提供了有效的文本特征提取、输出预测的机制。Encoder-Decoder 框架包含两部分内容，分别是 Encoder（编码器）和 Decoder（解码器）。

（1）编码器

编码器的作用是对输入的文本信息进行有效的编码后将其作为解码器的输入数据。编码器的目标是对输入的文本信息进行特征提取，尽量准确高效地表征该文本的特征信息。

（2）解码器

解码器的作用是从上下文的文本信息中获取尽可能多的特征，然后输出预测文本。根据对文本信息的获取方式不同，解码器一般分为 4 种结构，分别是直译式解码、循环式解码、增强循环式解码和注意力机制解码。

- 直译式解码：按照编码器的方式进行逆操作得到预测文本。
- 循环式解码：将编码器输出的编码向量作为第一时刻的输入，然后将得到的输出作为下一个时刻的输入，以此进行循环解码。
- 增强循环式解码：在循环式解码的基础上，每一个时刻增加一个编码器输出的编码向量作为输入。
- 注意力机制解码：在增强循环式解码的基础上增加注意力机制，这样可以有效地训练解码器在繁多的输入中重点关注某些有效特征信息，以增加解码器的特征获取能力，进而得到更好的解码效果。

2. Attention 机制

Attention 机制有效地解决了输入长序列信息时真实含义获取难的问题，在进行长序列处理的任务中，影响当前时刻状态的信息可能隐藏在前面的时刻里，根据马尔可夫假设这些信息有可能就会被忽略掉。举例说明，在"我快饿死了，我今天做了一天的苦力，我要大吃一顿"这句话中，我们明白"我要大吃一顿"是因为"我快饿死了"，但是基于马尔可夫假设，"我今天做了一天的苦力"和"我要大吃一顿"在时序上离得更近，相比于"我快饿死了"，"我今天做了一天的苦力"对"我要大吃一顿"的影响力更强，但是在真实的自然语言中不是这样的。从这个例子我们可以看出，神经网络模型没有办法很好地准确获取倒装时序的语言信息，要解决这个问题就需要经过训练自动建立起"我要大吃一顿"和"我快饿死了"的关联关系，这就是 Attention 机制。

如图 4-2 所示是取自 *Attention Is All You Need* 的 Attention 结构图。从该图中我们可以看到，c_t 是跨过时序序列对输入的自然语言序列进行特征提取得到的信息，放到上面例子的语境中来描述，在c_t中就会包含"我快饿死了"这一信息。Attention 机制是一个非常重要的和复杂的机制，BERT 的大热也让 Attention 机制受到了空前的热捧。这里不详细讨论 Attention 机制的原理细节，只是希望通过上面的例子能够让大家在概念上明白 Attention 机制的作用。

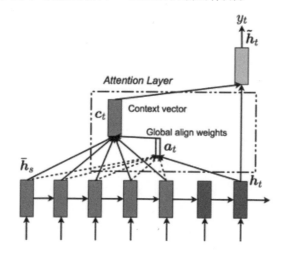

图4-2　Attention结构图

4.2　TensorFlow 2.0 API 详解

在基于 TensorFlow 2.0 的编程实践中，我们通过调用其 API 来完成编程，本节将详细讲解在编程实践中使用到的 API。

4.2.1　tf.keras.preprocessing.text.Tokenizer

在开始介绍 Tokenizer 之前，我们先看一下 tf.keras.preprocessing.text 这个 API 库下的方法类，在以后的编程中有可能会用到这些方法类。我们从官方文档中可以看到，在 tf.keras.preprocessing.text 这个 API 库下包含的 API 有 hashing_trick、one_hot、text_to_word_sequence 以及本节要讲的 Tokenizer。

（1）hashing_trick，对文本或者字符串进行哈希计算，将计算所得的哈希值作为存储该文本或者字符串的索引。

（2）one_hot，对字符串序列进行独热编码。所谓的独热编码就是在整个文本中，根据字符出现的次数进行排序，以序号作为字符的索引构成词频字典，在一个字典长度的全零序列中将序号对应的元素置 1 来表示序号的编码。比如"我"的序号是 5,全字典长度为 10,那么"我"的独热编码为[0,0,0,0,1,0,0,0,0,0]。

（3）text_to_word_sequence,将文本转换为一个字符序列。

（4）Tokenizer,一个将文本进行数字符号化的方法类,在进行神经网络训练时需要输入的数据是数值,因此需要将文本字符转换为可进行数学计算的数值。在这个方法类中提供了 fit_on_sequences、fit_on_texts、get_config、sequences_to_matrix、sequences_to_texts 和 sequences_to_texts_generator 等方法。在使用 Tokenizer 时,可以配置如下参数。

- num_words：配置符号化的最大数量。
- filters：配置需要过滤的文本符号,比如逗号、中括号等。
- lower：配置是否需要将大写全部转换为小写。这个配置是相对于英文来说的,中文不存在大小写的问题。
- split：配置进行分割的分隔符。
- char_level：配置字符串的级别。如果配置为 True,那么每个字符都会作为一个 token。
- oov_token：配置不在字典中的字符的替换数字,一般使用"3"这个数字来代替在字典中找不到的字符。

4.2.2　tf.keras.preprocessing.sequence.pad_sequences

在进行自然语言处理的任务中,输入的自然语言语句是长短不一的,为了能够处理长短不一的数据就需要构建输入维度不同的计算子图,繁多的计算子图会导致训练速度和效果大大下降。因此,在进行训练前可以将训练数据填充成有限数量的维度类别,这样就可以大幅度降低整个网络规模以提高训练速度和效果,这一数据处理的过程称为 Padding。pad_sequences 是具有 Padding 功能的 API,在使用 pad_sequences 时,可以配置的参数如下。

- sequences：配置输入数据集,可以是所有的训练数据集。
- maxlen：配置 sequences 的最大长度。
- dtype：配置输出 sequences 的格式。
- padding：配置填充的位置,可以填充在句子之前或者之后,对应的配置参数值分别是 pre 和 post。
- truncating：当句子超过最大长度时需要截断句子,可以配置是从前截断句子还是从后截断句子,对应的配置参数值分别是 pre 和 post。

- value：配置用于填充的值，可以是 float 或 string。

4.2.3 tf.data.Dataset.from_tensor_slices

from_tensor_slices 是 Dataset 方法类中的一个方法，其作用是将 Tensor 转换成元素为 slices 的数据集。

4.2.4 tf.keras.layers.Embedding

Embedding 的作用是将正整数转换成固定长度的连续向量，它和独热编码的作用类似，都是对数据字符数值进行编码的。不同的是，Embedding 是将一个单纯的数值转换成一个长度唯一的概率分布向量，在避免独热编码产生的特征稀疏性问题的同时也能增加特征的描述维度。当使用 Embedding 进行神经网络构建时，Embedding 层必须作为第一层对输入数据进行 Embedding 处理。在使用 Embedding 时，可以配置的参数如下。

- input_dim：配置字典的长度。Embedding 是针对词频字典中的索引进行处理的，因此需要配置字典的长度。
- output_dim：配置神经网络层输出的维度。
- embeddings_initializer：配置 Embedding 矩阵的初始化。
- embeddings_regularizer：配置 Embedding 矩阵的正则化方程。
- embeddings_constraint：配置 Embedding 的约束函数。
- mask_zero：配置"0"是否为 Padding 的值，如果配置为 True，则将所有的"0"去除。
- input_length：配置输入语句的长度。

4.2.5 tf.keras.layers.GRU

GRU 是一种 RNN 神经元结构，它是 LSTM 的优化升级变种。GRU 在 LSTM 的基础上将三个门合并成两个门，即只有更新门和重置门。更新门用于控制前一时刻的状态信息被传入当前状态的程度，更新门的值越大，说明前一时刻的状态信息传入得越多。重置门控制前一状态有多少信息被写入当前的候选集，重置门越小，前一状态的信息被写入得越少。相比于 LSTM，GRU 在训练速度上是有优势的，但是二者的训练效果在不同场景中则各有优势。当使用 GRU 神经网络层级时，可以配置的参数如下。

- units：配置输出的维度，必须为正整数。
- activation：配置使用的激活函数。
- Default：配置默认的激活函数，默认使用 tanh。如果配置为 None，则不会使用激活函数。
- recurrent_activation：配置循环时的激活函数。
- Default：配置默认的循环激活函数，默认使用 sigmod。如果配置为 None，则不会使用循环激活函数。
- use_bias：配置网络层是否使用偏置向量。
- kernel_initializer：配置神经网络核的初始化权重矩阵，用于对输入数据进行线性变换。
- recurrent_initializer：配置循环网络核的初始化权重矩阵，用于对循环神经元的状态进行线性变换。
- bias_initializer：配置偏置向量的初始化。
- kernel_regularizer：配置网络核的初始化权重矩阵的正则化函数。
- recurrent_regularizer：配置循环核的初始化权重矩阵的正则化函数。
- bias_regularizer：配置偏置向量的正则化函数。
- activity_regularizer：配置输出数据的正则化函数。
- kernel_constraint：配置网络核权重矩阵的约束函数。
- recurrent_constraint：配置循环核权重矩阵的约束函数。
- bias_constraint：配置偏置向量的约束函数。
- dropout：配置对输入进行线性变换网络层失效神经元的比例。
- recurrent_dropout：配置对循环状态进行线性变换网络层失效神经元的比例。
- implementation：配置神经网络的实现模式。其中"模式 1"表示用更多更小的点积运算，"模式 2"表示分批用更少更大的点积运算。具体的选择应根据硬件资源和应用场景来决定，一般在资源有限的情况下使用"模式 1"，在资源充足的情况下使用"模式 2"。
- return_sequences：配置是否在输出的句子中返回最后的输出数据。
- return_state：配置是否将训练的最后状态添加到输出数据中返回。
- go_backwards：配置是否将句子倒序训练，默认不开启该参数。
- unroll：配置是否在计算时将循环网络展开。

- reset_after：配置 GRU 中重置门的位置是在矩阵乘积前还是矩阵乘积后，默认在矩阵乘积后。

4.2.6　tf.keras.layers.Dense

Dense 这个神经网络层级提供了一个全连接的标准神经网络，使用它需要配置如下参数。

- units：配置神经元的数量，也就是输出的特征数量。
- activation：配置激活函数，默认不使用激活函数。

4.2.7　tf.expand_dims

tf.expand_dims 的作用是在输入的 Tensor 中增加一个维度。比如 t 是一个维度为[2]的 Tensor，那么 tf.expand_dims(t,0)的维度就会变成[1,2]。在使用 Dense 时，可以配置的参数如下。

- input：配置输入的 Tensor。
- axis：配置需要增加维度的下标。比如[2,1]，需要在 2 和 1 之间增加，则配置值为 1。
- name：配置输出 Tensor 的名称。

4.2.8　tf.keras.optimizers.Adam

Adam 是一种可以替代传统随机梯度下降算法的梯度优化算法，它是由 OpenAI 的 Diederik Kingma 和多伦多大学的 Jimmy Ba 在 2015 年发表的 ICLR 论文（Adam: A Method for Stochastic Optimization）中提出的。Adam 具备计算效率高、内存占用少等优势，自提出以来得到了广泛的应用。Adam 和传统的梯度下降优化算法不同，它可以基于训练数据的迭代情况来更新神经网络的权重，并通过计算梯度的一阶矩估计和二阶矩估计来为不同的参数设置独立的自适应学习率。Adam 适合于解决神经网络训练中的高噪声和稀疏梯度问题，它的超参数简单、直观，并且只需要进行少量的调参就可以达到理想的效果。官方推荐的最优参数组合为(alpha=0.001, beta_1=0.9, beta_2=0.999, epsilon=10E−8)，在使用 Adam 时，可以配置如下参数。

- learning_rate：配置学习率，默认值是 0.001。

- beta_1：配置一阶矩估计的指数衰减率，默认值是 0.9。
- beta_2：配置二阶矩估计的指数衰减率，默认值是 0.999。
- epsilon：该参数是一个非常小的数值，防止出现除以零的情况。
- amsgrad：配置是否使用 AMSGrad。
- name：配置优化器的名称。

4.2.9 tf.keras.losses.SparseCategoricalCrossentropy

Crossentropy（交叉熵）是常用的损失函数，交叉熵可以计算实际输出概率与期望输出概率之间的距离。交叉熵分为对数交叉熵和多对数交叉熵，其中对数交叉熵用于解决二分类的问题，多对数交叉熵用于解决多分类的问题。

SparseCategoricalCrossentropy 是可以接受稀疏编码的多对数交叉熵，所谓的接受稀疏编码就是指期望值可以是整型的分类编码，如 1, 2, 3 等。在使用 SparseCategoricalCrossentropy 时，可以配置的参数如下。

- y_true：配置期望的真实值。
- y_pred：配置预测的值。

4.2.10 tf.math.logical_not

logical_not 是一个逻辑非运算，返回的是一个布尔型数值，当两个元素不相同时返回 True，反之返回 False。在使用 logical_not 时，可以配置的参数如下。

- x：配置需要运算的 Tensor。
- name：配置运算操作的名称。

4.2.11 tf.concat

tf.concat 的作用是将多个 Tensor 在同一个维度上进行连接，比如 t1=[[1,2,3],[4,5,6]], t2=[[7,8,9],[11,12,13]]，tf.concat([t1,t2],0)得到的结果是[[1,2,3], [4,5,6], [7,8,9], [11,12,13]]。在使用 tf.concat 时，可以配置的参数如下。

- values：配置进行 Tensor 连接的列表或者是一个单独的 Tensor。
- axis：配置需要进行连接的维度，比如维度[4,3]的第一个维度就是 0。
- name：配置运算操作的名称。

4.2.12　tf.bitcast

使用 tf.bitcast 可以进行 Tensor 类型转换，将 Tensor 类型转换为我们需要的数据类型。在使用 tf.bitcast 时，可以配置的参数如下。

- input：需要进行类型转换的 Tensor。Tensor 的类型可以为 bfloat16, half, float32, float64, int64, int32, uint8, uint16, uint32, uint64, int8, int16, complex64, complex128, qint8, quint8, qint16, quint16 和 qint32。
- type：配置输出的类型。可以选择的类型包括 tf.bfloat16, tf.half, tf.float32, tf.float64, tf.int64, tf.int32, tf.uint8, tf.uint16, tf.uint32, tf.uint64, tf.int8, tf.int16, tf.complex64, tf.complex128, tf.qint8, tf.quint8, tf.qint16, tf.quint16 和 tf.qint32。
- name：配置运算操作的名称。

4.3　项目工程结构设计

如图 4-3 所示，整个项目工程结构分为两部分：文件夹和代码文件，在编程实践中强烈建议采用文件夹和代码文件的方式来设计项目工程结构。所谓的文件夹和代码文件的方式是指把所有的 Python 代码文件放在根目录下，其他需要存放的静态文件、训练数据文件和模型文件等都放在文件夹中。

图4-3　项目工程结构

从 Python 代码文件名可以看出，本项目分为5个部分：配置工具（getConfig.py）、数据预处理器（data_util.py）、神经网络模型（seq2seqModel.py）、执行器（execute.py）

和应用程序（app.py）。配置工具提供了通过配置文件来全局配置神经网络超参数的功能；数据预处理器提供了数据加载功能；神经网络模型实现了 Seq2Seq 神经网络；执行器提供了训练模型保存、模型预测等功能；应用程序是一个基于 Flask 用于人机交互的简单 Web 应用程序。

在文件夹中，model_data 存放训练导出的模型文件；train_data 存放训练数据；templates 存放 HTML 渲染模板；static 存放 JS 等静态文件。

4.4 项目实现代码详解

该项目实现代码会在 GitHub 上开源，本节主要对源代码进行详细注释和讲解相应的编程知识点。项目实现代码包括工具类实现、data_util 实现、seq2seqModel 实现、执行器实现、Web 应用实现的代码。

4.4.1 工具类实现

在实际的编程中，往往需要对参数进行频繁的调整，因此我们定义一个工具类来读取配置文件中的配置参数，这样当需要调参时，只需对配置文件中的参数进行调整即可。

```
1.  #引入configparser包，它是Python中用于读取配置文件的包，配置文件的格式可以为：[]（其中包含的为section）
2.  import configparser
3.  #定义读取配置文件函数，分别读取section的配置参数，section包括ints、floats、strings
4.  def get_config(config_file='config.ini'):
5.      parser=configparser.ConfigParser()
6.      parser.read(config_file)
7.      #获取整型参数，按照key-value的形式保存
8.      _conf_ints = [(key, int(value)) for key, value in parser.items('ints')]
9.      #获取浮点型参数，按照key-value的形式保存
10.     _conf_floats = [(key, float(value)) for key, value in parser.items('floats')]
11.     #获取字符型参数，按照key-value的形式保存
```

12.   _conf_strings = [(key, str(value)) for key, value in parser.items('strings')]
13.   #返回一个字典对象，包含所读取的参数
14.   return dict(_conf_ints + _conf_floats + _conf_strings)

本章编程实践中的神经网络超参数的配置文件如下：

1. [strings]
2. #配置执行器的运行模式，包括train、serve
3. mode = train
4.
5. #处理后的中文训练集
6. seq_data = train_data/seq.data
7. train_data=train_data
8. #训练集原始文件
9. resource_data = train_data/dgk_shooter_z.conv
10.
11. #读取识别原始文件中段落和行头的标识
12. e = E
13. m = M
14.
15. model_data = model_data
16. [ints]
17. #配置字典的大小，建议字典大小为20 000
18. enc_vocab_size = 20000
19. dec_vocab_size = 20000
20. #配置Embedding的维度，就是用多长的向量来进行编码
21. embedding_dim=128
22.
23. #配置循环神经网络层级
24. layer_size = 256
25. #配置读取训练数据的最大值，一般当显存或者内存不足时可以这样限制
26. max_train_data_size = 50000
27. #配置批大小
28. batch_size = 32

4.4.2　data_util 实现

data_util 对原始语料数据根据其格式特点进行初步处理，比如将问句和答句

分开、对语料进行分词等。

```
1.  # coding=utf-8
2.  #导入所需要的依赖包
3.  import os
4.  import getConfig
5.  import jieba
6.  #jieba是国内的一个分词Python库,分词效果非常不错。使用pip3 install jieba命令安装
7.
8.  gConfig = {}
9.
10. gConfig=getConfig.get_config()
11. #配置源文本的路径
12. conv_path = gConfig['resource_data']
13. #判断文件是否存在
14. if not os.path.exists(conv_path):
15.
16.     exit()
17. #下面这段代码需要完成一件事情,就是识别读取训练集的数据并存入一个列表中,大概分为以下几个步骤
18. #a.打开文件
19. #b.读取文件中的内容,并对文件的数据进行初步处理
20. #c.找到我们想要的数据并保存起来
21. #知识点:open函数、for循环结构、数据类型(list操作)、continue
22. convs = []      #用于存储对话的列表
23. with open(conv_path,encoding='utf-8') as f:
24.     one_conv = []         #存储一次完整的对话
25.     for line in f:
26.         line = line.strip('\n').replace('/', '')#去除换行符,并将原文件中已经分词的标记去掉,重新用jieba分词
27.         if line == '':
28.             continue
29.         if line[0] == gConfig['e']:
30.             if one_conv:
31.                 convs.append(one_conv)
32.             one_conv = []
```

```
33.         elif line[0] == gConfig['m']:
34.             one_conv.append(line.split(' ')[1])#保存一次完整的对话
35. #接下来，我们需要对训练集中的对话进行分类，分为问句和答句，或者叫上文、下
    文，主要作为Encoder和Decoder的训练数据。一般分为以下几个步骤
36. 
37. #1.按照语句的顺序分为问句和答句，根据行数的奇偶性来判断
38. #2.在存储语句的时候对语句使用jieba分词，jieba.cut
39. 
40. #把对话分成问句和答句两个部分
41. seq = []
42. 
43. for conv in convs:
44.     if len(conv) == 1:
45.         continue
46.     #因为默认是一问一答的，所以需要对数据进行粗裁剪，对话行数要为偶数
47.     if len(conv) % 2 != 0:
48.         conv = conv[:-1]
49.     for i in range(len(conv)):
50.         if i % 2 == 0:
51.             #使用jieba分词器进行分词
52.             conv[i]=" ".join(jieba.cut(conv[i]))
53.             conv[i+1]=" ".join(jieba.cut(conv[i+1]))
54.             #因为i是从0开始的，因此偶数行为发问的语句，奇数行为回答的语句
55.             seq.append(conv[i]+'\t'+conv[i+1])
56. #新建一个文件用于存储处理好的数据，作为训练数据
57. seq_train = open(gConfig['seq_data'],'w')
58. #将处理好的数据保存到文件中
59. for i in range(len(seq)):
60.     seq_train.write(seq[i]+'\n')
61.     if i % 1000 == 0:
62.         print(len(range(len(seq))), '处理进度：', i)
63. #保存修改并关闭文件
64. seq_train.close()
```

4.4.3　seq2seqModel 实现

seq2seqModel 是本章编程实践中的核心内容，我们按照 Encoder-Decoder 框架

构建一个完整的 Seq2Seq 模型。

```
1.   #导入所需要的依赖包和文件
2.   import tensorflow as tf
3.   import getConfig
4.   
5.   gConfig = {}
6.   
7.   gConfig=getConfig.get_config(config_file='seq2seq.ini')
8.   #定义Encoder模型，Seq2Seq的核心框架就是Encoder-Decoder，我们先定义Encoder
9.   class Encoder(tf.keras.Model):
10.    #定义初始化参数
11.    def __init__(self, vocab_size, embedding_dim, enc_units, batch_size):
12.      super(Encoder, self).__init__()
13.      self.batch_size = batch_size #批大小
14.      self.enc_units = enc_units#encoder #模型的神经元数量
15.      self.embedding = tf.keras.layers.Embedding(vocab_size, embedding_dim)
16.    #定义Embedding层，Embedding对输入序列进行向量化，防止特征稀疏
17.      self.gru = tf.keras.layers.GRU(self.enc_units,return_sequences=True,return_state=True,recurrent_initializer='glorot_uniform')
18.    #定义RNN结构，采用RNN的变种GRU结构
19.    def call(self, x, hidden):
20.      #定义调用函数，在这个函数中进行输入、输出的逻辑变换处理
21.      x = self.embedding(x)
22.      output, state = self.gru(x, initial_state = hidden)
23.      return output, state
24.    #定义初始化隐藏层状态的函数，用于初始化隐藏层的神经元
25.    def initialize_hidden_state(self):
26.      return tf.zeros((self.batch_sz, self.enc_units))
27.   
28.  #定义Attention机制模型
29.  class BahdanauAttention(tf.keras.Model):
30.   
31.    #定义初始化函数，对参数进行初始化
32.    def __init__(self, units):
33.      super(BahdanauAttention, self).__init__()
```

```
34.    #初始化定义权重网络层W1、W2以及最后的打分网络层V,最终打分结果作为注
       意力的权重值
35.    self.W1 = tf.keras.layers.Dense(units)
36.    self.W2 = tf.keras.layers.Dense(units)
37.    self.V = tf.keras.layers.Dense(1)
38.    #定义调用函数,输入、输出的逻辑变换在这个函数中完成
39.    def call(self, query, values):
40.        # hidden shape == (batch_size, hidden size)
41.        # hidden_with_time_axis shape == (batch_size, 1, hidden size)
42.        # we are doing this to perform addition to calculate the score
43.        hidden_with_time_axis = tf.expand_dims(query, 1)
44.
45.        #score 维度是 (batch_size, max_length, hidden_size)
46.        #构建评价计算网络结构,首先计算W1和W2,然后将W1与W2的和经过tanh进行
           非线性变换,最后输入打分网络层中
47.        score = self.V(tf.nn.tanh(self.W1(values) + self.W2(hidden_
           with_time_axis)))
48.
49.        # attention_weights shape == (batch_size, max_length, 1)
50.        #计算attention_weights的值,我们使用softmax将score的值进行归一化,
           得到的是总和唯一的各个score值的概率分布
51.
52.        attention_weights = tf.nn.softmax(score, axis=1)
53.
54.        #context_vector 文本向量的维度是 (batch_size, hidden_size)
55.        #将 attention_weights的值与输入文本进行相乘,得到加权过的文本向量
56.        context_vector = attention_weights * values
57.        #将上一步得到的文本向量按行求和,得到最终的文本向量
58.        context_vector = tf.reduce_sum(context_vector, axis=1)
59.        #返回最终的文本向量和注意力权重
60.        return context_vector, attention_weights
61. #定义Decoder模型
62. class Decoder(tf.keras.Model):
63. #定义初始化函数,对参数进行初始化
64.    def __init__(self, vocab_size, embedding_dim, dec_units, batch_size):
65.        super(Decoder, self).__init__()
66.
67.        #初始化批训练数据的大小
```

```
68.        self.batch_size = batch_size
69.        #初始化Decoder模型的神经元数量
70.        self.dec_units = dec_units
71.
72.        #初始化定义Embedding层，Embedding对输入序列进行向量化，防止特征稀疏
73.        self.embedding = tf.keras.layers.Embedding(vocab_size,
    embedding_dim)
74.        #初始化定义RNN结构，采用RNN的变种GRU结构
75.        self.gru = tf.keras.layers.GRU(self.dec_units,
76.                                       return_sequences=True,
77.                                       return_state=True,
78.                                       recurrent_initializer='glorot_uniform')
79.        #初始化定义全连接输出层
80.        self.fc = tf.keras.layers.Dense(vocab_size)
81.
82.        #使用Attention机制
83.        self.attention = BahdanauAttention(self.dec_units)
84.
85.    #定义调用函数，输入、输出的逻辑变换在这个函数中完成
86.    def call(self, x, hidden, enc_output):
87.        #解码器输出的维度是(batch_size, max_length, hidden_size)
88.        #根据输入hidden和输出值使用Attention机制计算文本向量和注意力权重,
    hidden就是编码器输出的编码向量
89.        context_vector, attention_weights = self.attention(hidden,
    enc_output)
90.
91.        #x的维度在Embedding之后是(batch_size, 1, embedding_dim)
92.        #对解码器的输入进行Embedding处理
93.        x = self.embedding(x)
94.
95.        #将Embedding之后的向量和经过Attention后的编码器输出的编码向量进行
    连接，然后作为输入向量输入gru中
96.        x = tf.concat([tf.expand_dims(context_vector, 1), x], axis=-1)
97.
98.        #将连接之后的编码向量输入gru中得到输出值和state
99.        output, state = self.gru(x)
100.
101.       #将输出向量进行维度变换，变换成(batch_size, vocab
```

```
102.    output = tf.reshape(output, (-1, output.shape[2]))
103.
104.    #将变换后的向量输入全连接网络中，得到最后的输出值
105.    outputs = self.fc(output)
106.
107.    return outputs, state, attention_weights
108.
109.#对训练数据的字典大小进行初始化赋值
110.vocab_inp_size = gConfig['enc_vocab_size']
111.vocab_tar_size = gConfig['dec_vocab_size']
112.#对Embedding的维度进行初始化赋值
113.embedding_dim=gConfig['embedding_dim']
114.#对网络层的神经元数量进行初始化赋值
115.units=gConfig['layer_size']
116.#对批训练数据的大小进行初始化赋值
117.BATCH_SIZE=gConfig['batch_size']
118.
119.#实例化Encoder模型
120.encoder = Encoder(vocab_inp_size, embedding_dim, units, BATCH_SIZE)
121.
122.#实例化Attention网络层
123.attention_layer = BahdanauAttention(10)
124.
125.#实例化Decoder模型
126.decoder = Decoder(vocab_tar_size, embedding_dim, units, BATCH_SIZE)
127.
128.#定义优化器，我们选用常用的Adam优化器
129.optimizer = tf.keras.optimizers.Adam()
130.
131.#定义整个模型的损失目标函数
132.loss_object = tf.keras.losses.SparseCategoricalCrossentropy(from_logits=True)
133.
134.#定义损失函数
135.def loss_function(real, pred):
136.    #为了增强训练效果和提高泛化性，将训练数据中最常用的词遮罩，我们先构建一个mask向量
137.    mask = tf.math.logical_not(tf.math.equal(real, 0))
138.    # 计算损失向量
```

```
139.    loss_ = loss_object(real, pred)
140.    #转换为mask向量的类型
141.    mask = tf.cast(mask, dtype=loss_.dtype)
142.    #使用mask向量对损失向量进行处理，去除Padding引入的噪声
143.    loss_ *= mask
144.
145.    #返回平均损失值
146.    return tf.reduce_mean(loss_)
147.
148. #实例化Checkpoint方法类，使用其中的save方法保存训练模型
149. checkpoint = tf.train.Checkpoint(optimizer=optimizer, encoder=encoder,decoder=decoder)
150.
151. #定义训练方法，对输入的数据进行一次循环训练
152. def train_step(inp, targ, targ_lang,enc_hidden):
153.    loss = 0
154.
155.    #使用tf.GradientTape记录梯度求导信息
156.    with tf.GradientTape() as tape:
157.
158.        #使用编码器对输入语句进行编码，得到编码器的编码向量输出enc_output和中间层的输出enc_hidden
159.        enc_output, enc_hidden = encoder(inp, enc_hidden)
160.        dec_hidden = enc_hidden
161.
162.        #构建编码器输入向量,首词使用start对应的字典码值作为向量的第一个数值，维度是BATCH_SIZE的大小，也就是一次批量训练的语句数量
163.        dec_input = tf.expand_dims([targ_lang.word_index['start']] * BATCH_SIZE, 1)
164.
165.        #开始训练解码器
166.        for t in range(1, targ.shape[1]):
167.            #将构建的编码器输入向量和编码器输出对话中上一句的编码向量作为输入，输入解码器中，训练解码器
168.            predictions, dec_hidden, _ = decoder(dec_input, dec_hidden, enc_output)
169.            #计算损失值
170.            loss += loss_function(targ[:, t], predictions)
```

```
171.
172.        #将对话中的下一句逐步分时作为编码器的输入,这相当于进行移位输入,先
            从start标识开始,逐步输入对话中的下一句
173.        dec_input = tf.expand_dims(targ[:, t], 1)
174. #计算批处理平均损失值
175.    batch_loss = (loss / int(targ.shape[1]))
176. #计算参数变量
177.    variables = encoder.trainable_variables + decoder.trainable_variables
178. #计算梯度
179.    gradients = tape.gradient(loss, variables)
180. #使用优化器优化参数变量的值,以达到拟合的效果
181.    optimizer.apply_gradients(zip(gradients, variables))
182.
183.    return batch_loss
```

4.4.4 执行器实现

执行器提供创建模型、保存训练模型、加载模型和预测的功能,在编程实践中分别定义了 create_model 函数、train 函数和预测函数用于实现以上功能。具体的实现代码和详细注释如下:

```
1.  # -*- coding:utf-8 -*-
2.  #导入所需要的依赖包和模型
3.  import os
4.  import sys
5.  import time
6.  import numpy as np
7.  import tensorflow as tf
8.  import seq2seqModel
9.  from sklearn.model_selection import train_test_split
10. import getConfig
11. import io
12. #pysnooper是开源的Python代码调试包,可以使用pysnooper.snoop()装饰器调
    试代码
13. import pysnooper
14.
15. #定义一个字典,使用getConfig获取配置文件的配置参数
16. gConfig = {}
```

17. gConfig=getConfig.get_config(config_file='seq2seq.ini')
18. #为输入语句字典维度、输出语句字典维度，Embedding的维度、神经元的数量、批大小赋值
19. vocab_inp_size = gConfig['enc_vocab_size']
20. vocab_tar_size = gConfig['dec_vocab_size']
21. embedding_dim=gConfig['embedding_dim']
22. units=gConfig['layer_size']
23. BATCH_SIZE=gConfig['batch_size']
24.
25. #定义一个语句处理函数，在所有语句的开头和结尾分别加上start和end标识
26. def preprocess_sentence(w):
27.   w = '<start> ' + w + ' <end>'
28.
29.   return w
30.
31. #定义一个训练数据集处理函数，其作用是读取文件中的数据，并进行初步的语句处理，在语句的前后加上开始和结束标识
32. def create_dataset(path, num_examples):
33.   #使用Python的io包中的open方法读取文件，使用UTF-8编码，去除分行符
34.   lines = io.open(path, encoding='UTF-8').read().strip().split('\n')
35.
36.   #在读取数据的每句的开头和结尾加上对应的标识
37.   word_pairs = [[preprocess_sentence(w) for w in l.split('\t')] for l in lines[:num_examples]]
38.
39.   #返回处理好的数据
40.   return zip(*word_pairs)
41.
42. #定义一个函数计算最大的语句长度
43. def max_length(tensor):
44.   return max(len(t) for t in tensor)
45.
46. #定义word2vec的函数，通过统计所有训练集中的字符出现频率，构建字典，并使用字典中的码值对训练集的语句进行替换
47. def tokenize(lang):

```
48.     #使用高阶API tf.keras.preprocessing.text.Tokenizer实例化一个转换
        器,构建字典并使用字典中的码值对训练集的语句进行替换
49.     lang_tokenizer = tf.keras.preprocessing.text.Tokenizer(num_words=
        gConfig['enc_vocab_size'], oov_token=3)
50.     #使用fit_on_texts方法对训练数据进行处理,构建字典
51.     lang_tokenizer.fit_on_texts(lang)
52.     #转换器使用已经构建好的字典,将训练集的数据全部替换为字典的码值
53.     tensor = lang_tokenizer.texts_to_sequences(lang)
54.     #为了提高计算效率,将训练语句的长度统一补全
55.     tensor = tf.keras.preprocessing.sequence.pad_sequences(tensor,
        padding='post')
56.
57.     return tensor, lang_tokenizer
58.
59. #定义数据加载函数,可以根据需要按量加载数据
60. def load_dataset(path, num_examples):
61.     #调用create_dataset函数来构建数据集
62.     targ_lang, inp_lang = create_dataset(path=path, num_examples=
        num_examples)
63.     #对训练集的输入语句和输出语句进行word2vec转换
64.     input_tensor, inp_lang_tokenizer = tokenize(inp_lang)
65.     target_tensor, targ_lang_tokenizer = tokenize(targ_lang)
66.
67.     return input_tensor, target_tensor, inp_lang_tokenizer,
        targ_lang_tokenizer
68.
69. #调用load_dataset函数,加载训练所需的数据集
70. input_tensor, target_tensor, inp_lang, targ_lang =
    load_dataset(gConfig['seq_data'], gConfig['max_train_data_size'])
71.
72. #计算训练集中最大的语句长度
73. max_length_targ, max_length_inp = max_length(target_tensor),
    max_length(input_tensor)
74.
75. #使用snoop装饰器帮助获取程序运行过程中的信息
76. @pysnooper.snoop()
77. #定义训练函数
```

```
78.  def train():
79.      #准备数据，使用 train_test_split将训练集和验证集分开
80.      print("Preparing data in %s" % gConfig['train_data'])
81.
82.      input_tensor_train, input_tensor_val, target_tensor_train, target_tensor_val = train_test_split(input_tensor, target_tensor, test_size=0.2)
83.      #计算每个epoch循环需要训练多少步才能将所有数据训练一遍
84.      steps_per_epoch = len(input_tensor_train)//gConfig['batch_size']
85.      #计算需要随机打乱排序的数据大小，将数据集随机打乱可以防止模型过多陷入局部最优解中
86.      BUFFER_SIZE=len(input_tensor_train)
87.      #将训练数据集随机打乱
88.      dataset = tf.data.Dataset.from_tensor_slices((input_tensor_train, target_tensor_train)).shuffle(BUFFER_SIZE)
89.      #批量获取数据
90.      dataset = dataset.batch(BATCH_SIZE, drop_remainder=True)
91.
92.      #初始化模型保存路径
93.      checkpoint_dir = gConfig['model_data']
94.      #初始化模型文件的保存前缀
95.      checkpoint_prefix = os.path.join(checkpoint_dir, "ckpt")
96.
97.      #获取当前训练开始的时间
98.
99.      while True:
100.         #获取当前训练开始的时间
101.         start_time_epoch=time.time()
102.         #初始化隐藏层的状态
103.         enc_hidden = seq2seqModel.encoder.initialize_hidden_state()
104.         total_loss = 0
105.         #批量从训练集中取出数据进行训练
106.         for (batch, (inp, targ)) in enumerate(dataset.take(steps_per_epoch)):
107.             #获取每步训练得到的损失值
108.             batch_loss = seq2seqModel.train_step(inp, targ, enc_hidden)
109.             #计算一个epoch的综合损失值
110.             total_loss += batch_loss
```

```
111.    #计算每步训练所要消耗的时间
112.    step_time_epoch=(time.time()-start_time_epoch)/steps_per_epoch
113.    #计算每步训练的loss值
114.    step_loss=total_loss/steps_per_epoch
115.    #计算当前已经训练的步数
116.    current_steps=+steps_per_epoch
117.    #计算当前已经训练的步数每步的平均耗时
118.    step_time_total=(time.time()-start_time)/current_steps
119.    #每一个epoch打印一下相关训练信息
120.    print('训练总步数: {} 每步耗时: {}  最新每步耗时: {} 最新每步loss值{:.4f}'.format(current_steps,step_time_total,step_time_epoch,step_loss.numpy()))
121.    #每一个epoch保存一下模型文件
122.    seq2seqModel.checkpoint.save(file_prefix = checkpoint_prefix)
123.    #刷新命令行输出
124.    sys.stdout.flush()
125.#定义一个函数用于加载已经保存的模型
126.def reload_model():
127.    checkpoint_dir=gConfig['modal_data']
128.    #使用restore来加载最新的模型文件
129.    model= seq2seqModel.checkpoint.restore(tf.train.latest_checkpoint(checkpoint_dir))
130.    return model
131.#定义在线对话函数,根据输入来预测下一句的输出
132.def predict(sentence):
133.    #对输入语句进行处理,在语句的开始和结尾加上对应的标识
134.    sentence = preprocess_sentence(sentence)
135.    #对输入语句进行word2vec转换
136.    inputs = [inp_lang.word_index.get(i,3) for i in sentence.split(' ')]
137.    #对输入语句按照最大长度补全
138.    inputs = tf.keras.preprocessing.sequence.pad_sequences([inputs],
139.                            maxlen=max_length_inp,
140.                            padding='post') #将输入语句转换为Tensor
141.    inputs = tf.convert_to_tensor(inputs)
142.    #初始化输出变量
143.    result = ''
144.    #初始化隐藏层
```

```
145.    hidden = [tf.zeros((1, units))]
146.    #对输入向量进行编码
147.    enc_out, enc_hidden = model.encoder(inputs, hidden)
148.    model = reload_model()   #加载已经训练的模型
149.    #初始化解码器的隐藏层
150.    dec_hidden = enc_hidden
151.    #初始化解码器的输入
152.    dec_input = tf.expand_dims([targ_lang.word_index['start']], 0)
153.    #开始按照语句的最大长度预测输出语句
154.    for t in range(max_length_targ):
155.        #根据输入信息逐字对输出语句进行预测
156.        predictions, dec_hidden, attention_weights = model.decoder
    (dec_input, dec_hidden, enc_out)
157.        #使用argmax获取预测的结果,argmax返回一个向量中最大值的index
158.        predicted_id = tf.argmax(predictions[0]).numpy()
159.        #通过查字典的方式,将预测的数值转换为词
160.
161.        #如果预测的结果是结束标识,则停止预测
162.        if targ_lang.index_word[predicted_id] == 'end':
163.            break
164.        result += targ_lang.index_word[predicted_id] + ' '
165.        #将预测的数值作为上文输入信息加入解码器中来预测下一个数值
166.        dec_input = tf.expand_dims([predicted_id], 0)
167.
168.    #返回预测的语句
169.    return result
170.
171. if __name__ == '__main__':
172.    #打印当前执行器的模式
173.    print('\n>> Mode : %s\n' %(gConfig['mode']))
174.    #如果配置文件中是训练模式,则开始训练
175.    if gConfig['mode'] == 'train':
176.        train()
177.    #如果配置文件中是服务模式,则直接运行应用程序
178.    elif gConfig['mode'] == 'serve':
179.        print('Serve Usage : >> python3 app.py')
```

4.4.5　Web 应用实现

Web 应用的主要功能包括完成页面交互、图片格式判断、图片上传以及预测结果的返回展示。这里我们使用 Flask 这个轻量级 Web 应用框架来实现简单的页面交互和预测结果展示功能。

```
1.  # coding=utf-8
2.  导入所需要的依赖包
3.  from flask import Flask, render_template, request, make_response
4.  from flask import jsonify
5.  import execute
6.  import sys
7.  import time
8.  import hashlib
9.  import threading
10. import jieba
11.
12. #定义心跳检测函数
13.
14. def heartbeat():
15.     print (time.strftime('%Y-%m-%d %H:%M:%S - heartbeat', time.localtime(time.time())))
16.     timer = threading.Timer(60, heartbeat)
17.     timer.start()
18. timer = threading.Timer(60, heartbeat)
19. timer.start()
20.
21. #实例化一个Flask实例
22. app = Flask(__name__,static_url_path="/static")
23.
24. @app.route('/message', methods=['POST'])
25.
26. #定义应答函数，用于获取输入信息并返回相应的答案
27. def reply():
28.     #从请求中获取参数信息
29.     req_msg = request.form['msg']
30.     #对语句使用jieba分词器进行分词
31.     req_msg=" ".join(jieba.cut(req_msg))
```

```
32.     #调用execute中的predict方法生成回答信息
33.     res_msg = execute.predict(req_msg,model )
34.     #将unk值的词用微笑符号代替
35.     res_msg = res_msg.replace('_UNK', '^_^')
36.     res_msg=res_msg.strip()
37.
38.     #如果接收到的内容为空，则给出相应的回复
39.     if res_msg == ' ':
40.         res_msg = '请与我聊聊天吧'
41.
42.     return jsonify( { 'text': res_msg } )
43.
44. """
45. jsonify是用于处理序列化JSON数据的函数，就是将数据组装成JSON格式返回
46.
47. http://flask.pocoo.org/docs/0.12/api/#module-flask.json
48. """
49. @app.route("/")
50. def index():
51.     return render_template("index.html")
52.
53. #启动APP
54. if (__name__ == "__main__"):
55.     app.run(host = '0.0.0.0', port = 8808)
```

第 5 章
基于 CycleGAN 的图像风格迁移应用编程实践

近年来,基于 GAN 的图像风格迁移和图像生成是业界研究的热点,五花八门的风格迁移算法层出不穷。本章实践项目是以 CycleGAN 算法为基础的,通过调用 TensorFlow 2.0 的 API 实现风格迁移的应用。

5.1 GAN 基础理论

CycleGAN 是 GAN 的一种网络结构变体,在学习 CycleGAN 之前,了解 GAN 的基础理论知识可以帮助我们更好地理解 CycleGAN。本节将从 GAN 的基本思想和基本工作机制来介绍其基础理论知识。

5.1.1 GAN 的基本思想

GAN 最早是由深度学习界的大佬 Lan Goodfellow 提出的,他也因此被尊称为"GAN 之父"。GAN 的本质是一个概率生成模型,其目的是找出给定训练数据的概率分布模型,并基于概率分布模型来生成符合真实概率分布的数据。GAN 的基本思想来源于博弈论,这种通过对抗博弈来逼近真实数据概率分布的思想为深度学习打开了一扇大门。对于 GAN 的强大之处,Lan Goodfellow 在提出 GAN 的论文中这样总结:GAN 作为一种更好的生成模型避免了马尔可夫链式的学习机制,理论上能够整合各种各样的损失函数。

5.1.2　GAN 的基本工作机制

GAN 的基本工作机制被形象地比喻为"左右互搏",在 GAN 框架中最少(但不限于)拥有两个组成部分:生成模型 G 和判别模型 D,G 和 D 形成了一组左右互搏的对手。在训练过程中,GAN 会把生成模型 G 生成的数据和真实数据随机传送给判别模型 D。生成模型 G 的任务目标是尽可能减小自己生成的数据被判别模型 D 识别出的概率。判别模型 D 的任务目标是:①尽可能正确识别出真实样本;②尽可能正确识别出生成模型 G 生成的假样本。在这个过程中 G 和 D 进行的是一个零和游戏,双方都不断地优化自己,使自己达到平衡,即双方都无法变得更好。

5.1.3　GAN 的常见变种及应用场景

GAN 自提出以来一直是各种行业顶级会议的投稿热点,业界也提出了 GAN 各种各样的变种,常见的变种包括 Pix2pix、CycleGAN、TPGAN、StackGAN 和 StarGAN。

1. Pix2pix

Pix2pix 是一种图像翻译(图像转换)通用框架,它的作用是将一幅图像转换或生成另外一幅图像。比如根据一幅素描画生成高清立体图像,或者将一幅高清立体图像生成素描画。在图像处理过程中,如果要进行梯度图或彩色图之间的转换,则需要使用特定的算法来处理,这些算法的本质都是源像素到目的像素的映射转换。Pix2pix 提供的是一种图像转换算法通用框架,能够统一解决所有图像像素之间的转换问题。

2. CycleGAN

Pix2pix 在实际应用中有一个非常大的难题:训练数据需要源图像和目标图像成对出现。在实际的工业生产中,获取符合要求的训练数据的成本是比较高的。CycleGAN 提出了一种新的无监督图像迁移通用框架,可以在没有成对训练数据的情况下将图像数据从源域迁移到目标域。

CycleGAN 的核心理念是转换互逆。举例来说,如果 F 和 G 是转换互逆的,那么 G 可以将 X 域的图像转换为 Y 域的风格,F 就可以将 Y 域的图像转换为 X 域的风格。这种转换的互逆性可以使用表达式表示为:$F(G(x))=x$; $G(F(y))=y$。

CycleGAN 主要应用在图像风格迁移领域，比如将图像转换为抽象派风格。

3. TPGAN

TPGAN（Two Pathway GAN，双路径生成对抗网络）是由中国科学院自动化所（CASIA）、中国科学院大学和南昌大学联合提出的一种 GAN 变种网络结构，目的是提供一个能够同时考虑整体和局部信息的生成对抗框架。在论文 *Beyond Face Rotation: Global and Local Perception GAN for Photorealistic andIdentity Preserving Frontal View Synthesis* 中提出的双路径生成对抗网络包括生成器和识别器，其中生成器分为局部生成器和全局生成器，局部生成器负责处理细节特征，全局生成器负责处理结构特征，两个生成器的输出合成一幅图像作为最终输出。识别器的任务是识别区分真实图像和生成器生成的图像。

TPGAN 可以根据人的侧脸来生成其正面面容，或者根据正面面容来生成其侧脸面容。笔者认为这是一个可以在刑侦方面产生较大作用的生成对抗框架，比如可以根据摄像头拍摄到的犯罪嫌疑人的侧脸来生成其逼真的正面面容，帮助公安机关快速查找犯罪嫌疑人。这个框架还可以用于提高人脸识别的用户体验，比如用户以任意角度对着摄像头都可以完成人脸识别。

4. StackGAN

StackGAN 融合了自然语言处理和图像生成两项任务，其可以通过对文本语义的理解来控制图像的生成。StackGAN 分两个阶段处理任务：第一阶段的生成对抗网络利用文本描述粗略地勾画出物体的主要形状和颜色，其输出是低分辨率的图像；第二阶段的生成对抗网络将第一阶段的输出和文本描述作为输入，生成细节丰富的高分辨率图像。在很多科幻电影中，比如《钢铁侠》，我们可以看到人工智能的载体是一个可以与人类进行任务交互的智能体，并可以根据人类的要求完成复杂的任务。StackGAN 就是在这方面进行探索和实践的案例。

5. StarGAN

StarGAN 是由香港科技大学、新泽西大学和韩国大学等机构的研究人员提出的一个图像风格迁移模型，其可以在同一个模型中完成多个图像领域之间的风格转换任务。

StarGAN 是 CycleGAN 在输入输出多样性上的扩展，其实现了多类输入到多类输出的风格迁移。这给工业应用带来了便利，因为在工业的应用场景中，我们需要的往往是多对多的风格域之间的转换。

5.2　CycleGAN 的算法原理

如图 5-1 所示，CycleGAN 是由两个判别器（Dx 和 Dy）和两个生成器（G 和 F）组成的，采用这样的双对结构是为了避免所有的 X 都被映射到同一个 Y。为了避免这种情况可以采用双生成器，既能满足 X->Y 的映射又能满足 Y->X 的映射，这样就可以实现不同的输入产生不同的输出。图 5-1（b）与图 5-1（c）展示了 CycleGAN 基本算法原理：X 表示 X 域的图像，Y 表示 Y 域的图像；X 域的图像通过生成器 G 生成 Y 域的图像，再通过生成器 F 重构回 X 域输入的原图像；Y 域的图像通过生成器 F 生成 X 域图像，再通过生成器 G 重构回 Y 域输入的原图像。判别器 Dx 和 Dy 起到判别作用，确保图像的风格迁移。

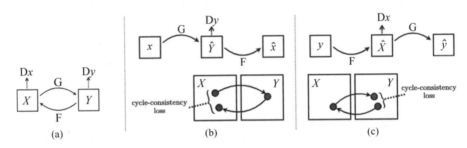

图5-1　CycleGAN的算法结构

5.3　TensorFlow 2.0 API 详解

在本章的实践项目中，我们通过调用 TensorFlow 2.0 API 完成编程，本节将对本项目编程中使用到的 API 进行详细讲解。

5.3.1　tf.keras.Sequential

Sequential 是一个方法类，可以帮助我们轻而易举地以堆叠神经网络层的方式集成构建一个复杂的神经网络模型。Sequential 提供了丰富的方法，可以帮助我们快速实现神经网络模型的网络层级集成、神经网络模型的编译、神经网络模型的训练和保存，以及神经网络模型的加载和预测。

第 5 章 基于 CycleGAN 的图像风格迁移应用编程实践

1. 神经网络模型的网络层级集成

我们使用 Sequential().add()方法来实现神经网络层级的集成,可以根据实际需要将 tf.keras.layers 中的各类神经网络层级添加进去,示例代码如下:

```
1.  import tensorflow as tf
2.  model = tf.keras.Sequential()
3.  #使用add方法集成神经网络层级
4.  model.add(tf.keras.layers.Dense(256, activation="relu"))
5.  model.add(tf.keras.layers.Dense(128, activation="relu"))
6.  model.add(tf.keras.layers.Dense(2, activation="softmax"))
```

在上面的示例代码中完成了三个全连接神经网络层级的集成,构建了一个全连接神经网络模型。

2. 神经网络模型的编译

在完成神经网络层级的集成之后需要对神经网络模型进行编译,只有在编译之后才能对神经网络模型进行训练。神经网络模型的编译是指将高阶 API 转换成可以直接运行的低阶 API,大家可以对比一下高级开发语言的编译。Sequential().compil()提供了神经网络模型的编译功能,示例代码如下:

```
model.compile(loss="sparse_categorical_crossentropy",optimizer=
tf.keras.optimizers.Adam(0.01),metrics=["accuracy"]
```

在 compile 方法里需要定义三个参数,分别是 loss、optimizer 和 metrics。loss 参数是用来配置模型的损失函数的,可以通过名称调用 tf.losses API 中已经定义好的 loss 函数;optimizer 参数是用来配置模型的优化器的,可以调用 tf.keras.optimizers API 配置模型所需要的优化器;metrics 是用来配置模型评价的方法,如 accuracy、loss 等评价模型。

3. 神经网络模型的训练和保存

在对神经网络模型进行编译后,我们可以用准备好的训练数据对模型进行训练,Sequential().fit()方法提供了神经网络模型的训练功能。Sequential().fit()有很多集成的参数需要配置,其主要配置参数如下。

- x:配置训练数据的输入数据,可以是 array 或者 tensor 类型。

- y：配置训练数据的标注数据，可以是 array 或者 tensor 类型。
- batch_size：配置批大小，默认值是 32。
- epochs：配置训练的 epochs 的数量。
- verbose：配置训练过程信息输出的级别，共有三个级别，分别是 0、1、2。0 代表不输出任何训练过程信息；1 代表以进度条的方式输出训练过程信息；2 代表每个 epoch 输出一条训练过程信息。
- validation_split：配置验证数据集占用训练集数据的比例，取值范围为 0 到 1。
- validation_data：配置验证数据集。如果已经配置了 validation_split 参数，则可以不配置 validation_data 参数。如果同时配置了 validation_split 和 validation_data 参数，那么 validation_split 参数的配置就会失效。
- shuffle：配置是否对训练数据进行随机打乱。当 steps_per_epoch 配置为 None 时，shuffle 参数的配置失效。
- initial_epoch：配置在进行 fine-tune 时，新的训练周期是从指定的 epoch 开始继续训练的。
- steps_per_epoch：配置每个 epoch 训练的步数。

我们可以使用 save() 或者 save_weights() 方法保存训练得到的模型并导出，在使用这两个方法时，需要分别配置以下参数。

save()方法的参数配置	save_weights()方法的参数配置
<ul><li>filepath：配置模型文件保存的路径。</li><li>overwrite：配置是否覆盖重名的 HDF5 文件。</li><li>include_optimizer：配置是否保存优化器的参数。</li></ul>	<ul><li>filepath：配置模型文件保存的路径。</li><li>overwrite：配置是否覆盖重名的模型文件。</li><li>save_format：配置保存文件的格式。</li></ul>

4. 神经网络模型的加载和预测

当使用模型进行预测时，需要使用 tf.keras.models 中的 load_model() 重新加载已经保存的模型文件。在完成模型文件的重新加载之后，使用 predict() 方法提供对数据进行预存输出的功能。在使用这两个方法时，需要进行如下参数配置。

load_model()方法的参数配置	predict()方法的参数配置
• filepath：加载模型文件的路径。 • custom_objects：配置神经网络模型自定义对象。如果自定义了神经网络层级，则需要进行配置，否则在加载时会出现无法找到自定义对象的错误。 • compile：配置加载模型文件之后是否需要进行重新编译。	• x：配置需要预测的数据集，可以是 Array 或者 Tensor。 • batch_size：配置预测时批大小，默认值是 32。

5.3.2　tf.keras.Input

tf.keras.Input 的作用是实例化一个 Keras Tensor 作为输入层，在使用它时需要配置如下参数。

- shape：配置输入数据的维度，是元组类型。
- batch_size：配置批大小。
- name：配置输入层的名称，在一个模型中名称需要是唯一的。
- dtype：配置输入数据需要的数据类型。
- sparse：配置形参在创建时是否为稀疏的。

5.3.3　tf.keras.layers.BatchNormalization

关于 Normalization 的作用，吴恩达在其机器学习课程里有过非常精彩的讲解，笔者印象最深的就是如图 5-2 所示的对比。从图 5-2 中可以明显地看出训练数据进行 Normalization（归一化）之后，数据分布更加集中，神经网络可以更快地找到最优解。

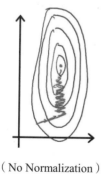
（No Normalization）

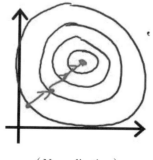
（Normalization）

图5-2　非归一化与归一化对比

2015 年，在论文 *Batch Normalization: Accelerating Deep Network Training by Reducing Internal Covariate Shift* 中正式提出了 Batch Normalization。Batch Normalization 算法的强大之处并不只是实现对每层神经网络输出数据的归一化，而是以 batch（批）为单位根据数据的实际分布自动动态地对每层神经网络的输出数据进行归一化处理。论文中提出的 Batch Normalization 算法具有学习功能，可以学习到恢复原始神经网络所需要的数据特征分布。

目前使用较多的是 Layer Normalization、Instance Normalization、GroupNorm 和 SwitchableNorm，这些变种应用的领域都是不一样的。在风格迁移领域使用最多的是 Instance Normalization，因为风格迁移所处理的数据对象是每幅图像数据实体，但是在其官方的 API 中并没有 Instance Normalization，我们使用 batch 为 1 的 Batch Normalization 来代替。

在本章的编程实践中使用 BatchNormalization 这个神经网络层级时，需要对如下参数进行配置。

- axis：配置需要进行归一化的轴线数量。
- momentum：配置移动平均数的趋势。
- epsilon：该参数是一个非常小的数值，主要是为了防止出现除以零的情况。
- center：设置是否需要 β 参数。
- scale：设置是否需要 γ 参数。

5.3.4　tf.keras.layers.Dropout

关于 Dropout 在神经网络模型中的具体作用，业界分为两派：一派认为 Dropout 极大地简化了训练时神经网络的复杂度，加快了神经网络的训练速度；另一派认为 Dropout 的主要作用是防止神经网络的过拟合，提高了神经网络的泛化性。简单来说，Dropout 的工作机制就是每步训练时按照一定的概率随机地使神经网络的神经元失效，这样极大地降低了连接的复杂度。同时由于每次训练都是不同神经元的协同工作，这样的机制也可以很好地避免数据带来的过拟合，提高了神经网络的泛化性。在使用 Dropout 这个神经网络层级时，需要配置如下参数。

- rate：配置神经元失效的概率。
- noise_shape：配置 Dropout 神经元的标记。
- seed：生成随机数。

5.3.5 tf.keras.layers.Concatenate

Concatenate 这个神经网络层级的作用是将输入的数据连接成一个列表，将维度一样的数据按照 axis 参数进行连接并返回一个张量列表。

5.3.6 tf.keras.layers.LeakyReLU

LeakyReLU 是 ReLU 激活函数的变形，两者的区别在于：ReLU 激活函数输入负值时输出全为 0，LeakyReLU 激活函数输入负值时输出是一个线性变换的结果。ReLU 激活函数虽然能够加速神经网络的收敛，但它将所有的负值都设为零，在负值域出现硬饱和会导致失效。LeakyReLU 激活函数在负值域有一个小斜率的线性变换，这样让负值域不再饱和失效。在本章的编码实践中激活函数选择 LeakyReLU。

5.3.7 tf.keras.layers.UpSampling2D

UpSampling 称为上采样，上采样是可以让图像提高分辨率的技术。UpSampling2D 是用于恢复二维图像数据的方法，UpSampling1D 是用于恢复一维图像数据的方法，UpSampling3D 是用于恢复三维图像数据的方法。在使用 UpSampling2D 时可以配置如下参数。

- size：配置上采样恢复的维度的大小。比如(3,3)是将一个像素值恢复成 3×3 的正方形。
- data_format：配置输入图像数据的格式。默认格式是 channels_last，也可以根据需要设置成 channels_first。我们在进行图像数据处理时，图像数据的格式分为 channels_last(batch, height, width, channels)和 channels_first (batch, channels, height, width)。
- interpolation：配置上采样恢复的方法，比如最近点恢复法或双线性插值法。

5.3.8 tf.keras.layers.Conv2D

Conv2D 层创建一个卷积核对输入数据进行卷积计算，然后输出卷积计算的结果，其创建的卷积核可以处理二维数据。依此类推，Conv1D 可以用于处理一维数据，Conv3D 可以用于处理三维数据。在进行神经网络层级集成时，如果使用 Conv2D 层作为第一层级，那么需要配置 input_shape 参数。在使用 Conv2D 时，需要配置的主要参数如下。

- input_shape：配置输入数据的维度，如（32, 32, 3）。
- filters：配置输出数据的维度，数值类型是整型。
- kernel_size：配置卷积核的大小。由于使用的是二维卷积核，因此需要配置卷积核的长和宽。数值是包含两个整型元素值的列表或者元组。
- strides：配置卷积核在做卷积计算时移动步幅的大小，分为 X、Y 两个方向的步幅。数值是包含两个整型元素值的列表或者元组，当 X、Y 两个方向的步幅大小一样时，只需要配置一个步幅即可。
- padding：配置图像数据边界处理策略。SAME 表示进行补零，VALID 则表示不进行补零。在进行卷积计算或者池化时都会遇到图像数据边界处理的问题，当边界像素不能正好被卷积或者池化的步幅整除时，只能在边界外补零凑成一个步幅，或者直接舍弃边界的像素特征。
- data_format：配置输入图像数据的格式，默认格式是 channels_last，也可以根据需要配置成 channels_first。图像数据的格式分为 channels_last (batch, height, width, channels) 和 channels_first(batch, channels, height, width)。
- dilation_rate：配置使用扩张卷积时每次的扩张率。
- activation：配置激活函数，如果不配置则不会使用任何激活函数。
- use_bias：配置 Conv2D 层的神经网络是否使用偏置向量。
- kernel_initializer：配置卷积核的初始化。
- bias_initializer：配置偏置向量的初始化。

5.3.9　tf.optimizers.Adam

Adam 是一种可以替代传统随机梯度下降算法的梯度优化算法，它是由 OpenAI 的 Diederik Kingma 和多伦多大学的 Jimmy Ba 在 2015 年发表的 ICLR 论文（*Adam: A Method for Stochastic Optimization*）中提出的。Adam 具备计算效率高、内存占用少等优势，自提出以来得到了广泛的应用。Adam 和传统的梯度下降优化算法不同，它可以基于训练数据的迭代情况来更新神经网络的权重，并通过计算梯度的一阶矩估计和二阶矩估计来为不同的参数设置独立的自适应学习率。Adam适合于解决神经网络训练中的高噪声和稀疏梯度的问题,它的超参数简单、直观，并且只需要少量的调参就可以达到理想的效果。官方推荐最优的参数组合为（alpha=0.001, beta_1=0.9, beta_2=0.999, epsilon=10E^{-8}），在使用 Adam 时可以配置如下参数。

- learning_rate：配置学习率，默认值是 0.001。
- beta_1：配置一阶矩估计的指数衰减率，默认值是 0.9。
- beta_2：配置二阶矩估计的指数衰减率，默认值是 0.999。
- epsilon：该参数是一个非常小的数值，主要是为了防止出现除以零的情况。
- amsgrad：配置是否使用 AMSGrad。
- name：配置优化器的名称。

5.4 项目工程结构设计

如图 5-3 所示，整个项目工程结构分为两部分：文件夹和代码文件，在编程实践中强烈建议采用文件夹和代码文件的方式来设计项目工程结构。所谓的文件夹和代码文件的方式就是指把所有的 Python 代码文件放在根目录下，其他需要存放的静态文件、训练数据文件和模型文件等都放在文件夹中。

图5-3 项目工程结构

从 Python 代码文件名可以看出，本项目分为五个部分：配置工具（getConfig.py）、数据读取器（data_loader.py）、神经网络模型（cycleganModel.py）、执行器（execute.py）和应用程序（app.py）。配置工具提供了通过配置文件来全局配置神经网络超参数的功能；数据读取器提供了数据加载功能；神经网络模型实现了 CycleGAN 神经网络；执行器提供了保存训练模型、预测模型等功能；应用程序是一个基于 Flask 的用于人机交互的简单 Web 应用程序。

在文件夹中，model_data 存放训练导出的模型文件；train_data 存放训练数据；templates 存放 HTML、JS 等静态文件。

5.5 项目实现代码详解

本章介绍的项目实现代码会在 GitHub 上开源，本节主要对源代码进行详细注释和讲解相应的编程知识点。项目实现代码包括工具类实现、数据加载器实现、CycleGanModel 实现、执行器实现、Web 应用实现的代码。

5.5.1 工具类实现

在本项目中将使用两个工具类：一个是我们已经熟悉的 getConfig，用来获取配置文件中的配置数据；另一个是数据加载器，提供批量加载数据、全量加载数据以及读取单个数据等功能。

1. 配置文件工具实现

在实际的项目实践中需要对超参数进行反复调整，因此我们编写一个工具来管理这些超参数。当需要调整超参数时，只需对配置文件中的参数进行调整即可。

```
1.  #引入configparser包，它是Python中用于读取配置文件的包，配置文件的格式可以为：[]（其中包含的为section）
2.  import configparser
3.  #定义读取配置文件的函数，分别读取section的配置参数，section包括ints、floats、strings
4.  def get_config(config_file='config.ini'):
5.      parser=configparser.ConfigParser()
6.      parser.read(config_file)
7.      #获取整型参数，按照key-value的形式保存
8.      _conf_ints = [(key, int(value)) for key, value in parser.items('ints')]
9.      #获取浮点型参数，按照key-value的形式保存
10.     _conf_floats = [(key, float(value)) for key, value in parser.items('floats')]
11.     #获取字符型参数，按照key-value的形式保存
12.     _conf_strings = [(key, str(value)) for key, value in parser.items('strings')]
```

```
13.     #返回一个字典对象，包含读取的参数
14.     return dict(_conf_ints + _conf_floats + _conf_strings)
```

对应本章项目实践中的神经网络超参数的配置文件如下：

```
1.  [strings]
2.  #执行器的运行模式，包括train、serve
3.  mode = train
4.  #配置模型文件存储路径
5.  model_data=model_data
6.  #配置数据集的名称
7.  dataset_name = apple2orange
8.  [ints]
9.  #配置批处理数据的大小
10. batch_size=32
11. patch_size=64
12. patch_dim=128
13. #配置图像的channel，三原色的通道为3
14. channels=3
15. #配置识别器和生成器的训练步数比
16. dis_steps_pergen=3
17.
18. [floats]
19. #配置学习率
20. learning_rate=0.0001
21. #配置生成器的学习率
22. generator_lr=0.0002
23. #配置Adam的一阶矩估计参数
24. beta1=0.9
25. #配置Adam的二阶矩估计参数
26. beta2=0.999
```

2．数据加载器实现

本项目中的训练数据是图像数据，在训练过程中需要对图像数据进行预处理、加载多种维度的图像数据和读取单个图像数据等，因此我们把这些加载图像数据的方法都实现在一个方法类中，在使用时按需调用对应的方法即可。

```
1.  #导入所需要的依赖包
2.  import scipy
```

```
3.   from glob import glob
4.   import numpy as np
5.   #定义一个DataLoader方法类,其包含load_data、load_batch、load_img、
     imread,每个方法的具体作用在下文中会详细介绍
6.   class DataLoader():
7.       #定义初始化方法,对参数进行初始化
8.       def __init__(self, dataset_name, img_res=(128, 128)):
9.           self.dataset_name = dataset_name
10.          self.img_res = img_res
11.      #定义load_data方法,它返回的是归一化的像素数据
12.      def load_data(self, domain, batch_size=1, is_testing=False):
13.          #初始化数据类型,domain是指训练时的源数据域(A)和目标数据域(B)
14.          data_type = "train%s" % domain if not is_testing else "test%s" % domain
15.          #初始化数据文件存储路径
16.          path = glob('./train_data/%s/%s/*' % (self.dataset_name, data_type))
17.          #因为是批量加载数据的,为了缓解过拟合,采用随机取数据的方式
18.          batch_images = np.random.choice(path, size=batch_size)
19.          #定义一个数组用来存储图像数据
20.          imgs = []
21.          #开始读取图像数据,并对图像数据进行尺寸上的变换
22.          for img_path in batch_images:
23.              img = self.imread(img_path)
24.              if not is_testing:
25.                  #对图像数据的尺寸进行变换
26.                  img = scipy.misc.imresize(img, self.img_res)
27.                  #如果随机生成的点数大于0.5,则进行数据的左右反转,增加数据的随机性
28.                  if np.random.random() > 0.5:
29.                      img = np.fliplr(img)
30.              else:
31.                  #对图像数据的尺寸进行变换
32.                  img = scipy.misc.imresize(img, self.img_res)
33.              imgs.append(img)
34.          #对图像数据进行归一化处理,图像的像素值最大值是255,除以127.5,
             减1之后,可以将图像数据全部控制在(0,1)内
35.          imgs = np.array(imgs)/127.5 - 1.
```

```
36.
37.        return imgs
38.    #定义批量加载数据的方法，该方法与load_data的不同之处在于其返回的数据
   默认是成对的，而且是按照batch_size的值返回数据的
39.    def load_batch(self, batch_size=1, is_testing=False):
40.        #初始化复制data_type
41.        data_type = "train" if not is_testing else "val"
42.        #初始化复制A和B的存储路径
43.        path_A = glob('./train_data/%s/%sA/*' % (self.dataset_name, data_type))
44.        path_B = glob('./train_data/%s/%sB/*' % (self.dataset_name, data_type))
45.        #计算batch的数量，这里是取A和B中数量最少的数据，然后除以batch_size，
   可以保证在每个batch中取出的数据都包含A和B
46.        self.n_batches = int(min(len(path_A), len(path_B)) / batch_size)
47.        #计算全部需要取出的数据的数量
48.        total_samples = self.n_batches * batch_size
49.
50.
51.        #随机从A和B两个数据源中取出total_samples的存储路径，因为每个图像
   数据都是单独存储的，随机取存储路径的方式实现了对图像数据的随机读取
52.        path_A = np.random.choice(path_A, total_samples, replace=False)
53.        path_B = np.random.choice(path_B, total_samples, replace=False)
54.        #开始循环取数据，一共取n_batches次
55.        for i in range(self.n_batches-1):
56.            #依次取出A和B中相应的图像数据存储路径
57.            batch_A = path_A[i*batch_size:(i+1)*batch_size]
58.            batch_B = path_B[i*batch_size:(i+1)*batch_size]
59.            #初始化两个数组用来存储A和B中的数据
60.            imgs_A, imgs_B = [], []
61.            #循环使用imread方法读取相应的数据，经过尺寸变换后存放到
   imgs_A和imgs_B中
62.            for img_A, img_B in zip(batch_A, batch_B):
63.                #调用imread方法读取相应的数据
64.                img_A = self.imread(img_A)
```

```
65.        img_B = self.imread(img_B)
66.        #对图像数据进行尺寸变换
67.        img_A = scipy.misc.imresize(img_A, self.img_res)
68.        img_B = scipy.misc.imresize(img_B, self.img_res)
69.        #如果所取的数据是训练数据，则要进一步增加随机性
70.        if not is_testing and np.random.random() > 0.5:
71.            img_A = np.fliplr(img_A)
72.            img_B = np.fliplr(img_B)
73.        #将最终得到的数据存储在imgs_A和imgs_B中
74.        imgs_A.append(img_A)
75.        imgs_B.append(img_B)
76.    #对imgs_A和imgs_B中的数据进行归一化处理，具体见上述代码
77.    imgs_A = np.array(imgs_A)/127.5 - 1.
78.    imgs_B = np.array(imgs_B)/127.5 - 1.
79.
80.        yield imgs_A, imgs_B
81. #定义单个图像数据的加载方法
82. def load_img(self, path):
83.    #调用imread方法读取数据
84.    img = self.imread(path)
85.    #对图像数据进行尺寸变换
86.    img = scipy.misc.imresize(img, self.img_res)
87.    #对图像数据进行归一化处理
88.    img = img/127.5 - 1.
89.    return img[np.newaxis, :, :, :]
90. #定义读取图像数据的方法，返回所读取的图像数据
91. def imread(self, path):
92.    return scipy.misc.imread(path, mode='RGB').astype(np.float)
```

5.5.2 CycleganModel 实现

CycleganModel 实现是本章编程实践的核心，该模型包含迁移和复原两个功能。进行一次训练可以得到两个模型，分别是对源图像进行风格迁移的模型和将风格迁移后的图像复原的模型。以下是 CycleganModel 实现的代码和详细注释。

```
1. # 加载所依赖的包，主要是tensorflow和我们自定义的getConfig
2. import tensorflow as tf
3. import getConfig
```

```
4.    gConfig={}
5.    gConfig=getConfig.get_config()
6.    class CycleGAN(object):    # 定义CycleGAN方法类
7.        def __init__(self,learning_rate,beta1,beta2):
8.            # 定义输入维度
9.            self.img_rows =gConfig['patch_dim']
10.           self.img_cols = gConfig['patch_dim']
11.           self.channels = gConfig['channels']
12.           self.img_shape = (self.img_rows, self.img_cols, self.channels)
13.           self.learning_rate=learning_rate
14.           self.beta1=beta1
15.           self.beta2=beta2
16.           # 计算识别器的输出维度
17.           patch = int(self.img_rows / 2**4)
18.           self.disc_patch = (patch, patch, 1)
19.
20.           # 初始化生成器和识别的第一层的过滤器数量
21.           self.gf = 32
22.           self.df = 64
23.
24.           # 初始化损失参数
25.           self.lambda_cycle = 10.0         # 相融合性loss
26.           self.lambda_id = 0.1 * self.lambda_cycle    # 一致性loss
27.           # 定义优化器,选择当前最常用的Adam优化器
28.           self.optimizer = tf.keras.optimizers.Adam
      (self.learning_rate,self.beta1,self.beta2)
29.
30.       # 定义模型生成函数
31.       def create_model(self):
32.           # 构建和编译识别器,因为是双向的,所以有两个识别器
33.           d_A = self.build_discriminator()
34.           d_B = self.build_discriminator()
35.           d_A.compile(loss='mse',optimizer=self.optimizer,
      metrics=['accuracy'])
36.           d_B.compile(loss='mse',optimizer=self.optimizer,
      metrics=['accuracy'])
37.
38.           # 构建生成器,因为后面要编译一个集成模型,所以这里先不编译生成器
```

```
39.        g_AB = self.build_generator()
40.        g_BA = self.build_generator()
41.
42.        # 定义输入层,包括A和B两个数据域
43.        img_A = tf.keras.Input(shape=self.img_shape)
44.        img_B = tf.keras.Input(shape=self.img_shape)
45.
46.        # 对输入层的数据进行风格迁移
47.        fake_B = g_AB(img_A)
48.        fake_A = g_BA(img_B)
49.        # 对迁移后的数据进行逆迁移
50.        reconstr_A = g_BA(fake_B)
51.        reconstr_B = g_AB(fake_A)
52.        # 对图像数据进行标识映射
53.        img_A_id = g_BA(img_A)
54.        img_B_id = g_AB(img_B)
55.
56.        # 在集成模型中,只需要训练生成器,因此要把识别的参数设置为不更新状态
57.        d_A.trainable = False
58.        d_B.trainable = False
59.
60.        # 识别器识别生成风格迁移后的数据,识别是否进行了风格迁移
61.        valid_A = d_A(fake_A)
62.        valid_B = d_B(fake_B)
63.
64.        # 构建和编译集成模型,单独用来训练生成器去迷惑识别器
65.        combined = tf.keras.Model(inputs=[img_A, img_B],
    outputs=[ valid_A, valid_B,reconstr_A, reconstr_B, img_A_id,
    img_B_id ])
66.        # 对构建好的集成模型进行编译,因为在集成模型中包含了4个子模型、6个输出,因此在编译时loss_weights有4个,loss函数有6个
67.        combined.compile(loss=['mse', 'mse', 'mae', 'mae', 'mae', 'mae'],
68.                       loss_weights=[ 1, 1,
69.                                    self.lambda_cycle, self.lambda_cycle,
70.                                    self.lambda_id, self.lambda_id ],
71.                       optimizer=self.optimizer)
72.        return g_AB,g_BA,d_A,d_B,combined
```

73.   # 定义生成器构建函数，根据论文*Unpaired Image-to-Image Translation using Cycle-Consistent Adversarial Networks*中的描述，这一过程需要先经过二维卷积和二维逆卷积，然后生成构建模型
74.   def build_generator(self):
75.
76.   # 定义卷积函数，通过卷积操作进行降维采样
77.   def conv2d(layer_input, filters, f_size=4):
78.   # 对输入数据进行卷积采样
79.   d = tf.keras.layers.Conv2D(filters, kernel_size=f_size, strides=2, padding='same')(layer_input)
80.   # 使用LeakyReLU激活函数
81.   d = tf.keras.layers.LeakyReLU(alpha=0.2)(d)
82.   # 使用BatchNormalization进行归一化处理
83.   d = tf.keras.layers.BatchNormalization()(d)
84.   return d
85.
86.   # 定义逆卷积函数，对数据进行升维采样操作
87.   def deconv2d(layer_input, skip_input, filters, f_size=4, dropout_rate=0):
88.   # 使用UpSampling2D对数据进行升维采样
89.   u = tf.keras.layers.UpSampling2D(size=2)(layer_input)
90.   # 对升维采样后的数据再进行卷积采样
91.   u = tf.keras.layers.Conv2D(filters, kernel_size=f_size, strides=1, padding='same', activation='relu')(u)
92.   # 使用Dropout防止过拟合
93.   if dropout_rate:
94.   u = tf.keras.layers.Dropout(dropout_rate)(u)
95.   # 使用BatchNormalization进行归一化处理
96.   u = tf.keras.layers.BatchNormalization()(u)
97.   u = tf.keras.layers.Concatenate()([u, skip_input])
98.   return u
99.
100.   # 定义输入层，开始搭建生成器神经网络，以下是整个搭建过程
101.   d0 = tf.keras.Input(shape=self.img_shape)
102.
103.   # 先进行连续的降维采样操作，一共进行四层的降维采样。滤波器数量逐步增多代表输出维度在增加
104.   d1 = conv2d(d0, self.gf)

```
105.        d2 = conv2d(d1, self.gf*2)
106.        d3 = conv2d(d2, self.gf*4)
107.        d4 = conv2d(d3, self.gf*8)
108.
109.        # 然后进行升维采样操作,输出的数据维度逐步降低,最后保持与原输入维度相同
110.        u1 = deconv2d(d4, d3, self.gf*4)
111.        u2 = deconv2d(u1, d2, self.gf*2)
112.        u3 = deconv2d(u2, d1, self.gf)
113.        # 再进行升维采样操作,但是由于在卷积层使用的激活函数不一样,所以单独分层构建,使用UpSampling2D进行一次升维采样操作
114.        u4 = tf.keras.layers.UpSampling2D(size=2)(u3)
115.        # 接下来进行卷积采样,不过使用的激活函数是tanh,而没有采用比较脆弱的ReLU
116.        output_img = tf.keras.layers.Conv2D(self.channels, kernel_size=4, strides=1, padding='same', activation='tanh')(u4)
117.        # 返回构建好的模型
118.        return tf.keras.Model(d0, output_img)
119.
120.    # 定义识别器构建函数,识别器的网络比较简单,主要通过卷积采样提取特征
121.    def build_discriminator(self):
122.        # 定义识别器层,先进行二维采样,然后进行归一化处理,采用LeakyReLU作为激活函数
123.        def d_layer(layer_input, filters, f_size=4, normalization=True):
124.            # 使用Conv2D对输入层进行卷积采样
125.            d = tf.keras.layers.Conv2D(filters, kernel_size=f_size, strides=2, padding='same')(layer_input)
126.            # 使用LeakyReLU激活函数
127.            d = tf.keras.layers.LeakyReLU(alpha=0.2)(d)
128.            if normalization:
129.                d = tf.keras.layers.BatchNormalization()(d)
130.            return d
131.
132.        # 下面是识别器神经网络的搭建过程
133.        # 定义输入层
134.        img = tf.keras.Input(shape=self.img_shape)
135.        # 进行四层的卷积采样
136.        d1 = d_layer(img, self.df, normalization=False)
```

```
137.         d2 = d_layer(d1, self.df*2)
138.         d3 = d_layer(d2, self.df*4)
139.         d4 = d_layer(d3, self.df*8)
140.         # 最后进行一次卷积采样，输出数据维度为1
141.         validity = tf.keras.layers.Conv2D(1, kernel_size=4, strides=1,
    padding='same')(d4)
142.         # 返回搭建好的神经网络模型
143.         return tf.keras.Model(img, validity)
```

5.5.3 执行器实现

执行器实现模型创建、训练模型保存、模型加载和预测的功能。在编程实践中分别定义了 create_model、train 和 gen 函数用于实现以上功能。执行器的具体实现代码及其详细注释如下：

```
1.  # 导入所需要的依赖包，以及我们自定义的cycleganModel、DataLoader、getConfig等
2.  import tensorflow as tf
3.  import  os
4.  import sys
5.  import  numpy as np
6.  import cycleganModel
7.  from data_loader import DataLoader
8.  import getConfig
9.  # 初始化一个字典，用来存放get_config函数从配置文件中获取的参数值
10. gConfig={}
11. gConfig=getConfig.get_config()
12. # 初始化图像数据的输入/输出维度
13. img_rows =gConfig['patch_dim']
14. img_cols = gConfig['patch_dim']
15. channels = gConfig['channels']
16. ig_shape = (img_rows, img_cols, channels)
17. # 计算识别器的输出维度
18. patch = int(img_rows / 2**4)
19. disc_patch = (patch, patch, 1)
20. # 实例化DataLoader
21. data_loader = DataLoader(dataset_name=gConfig['dataset_name'],
    img_res=(img_rows, img_cols))
```

```
22.
23.    # 配置模型文件的存储路径，有5个模型文件存储路径，它们分别是两个生成器模型
       文件、两个识别器模型文件和一个集成模型文件
24.    g_AB_model_dir = os.path.join(gConfig['model_data'],"g_AB")
25.    g_BA_model_dir = os.path.join(gConfig['model_data'], "g_BA")
26.    d_A_model_dir = os.path.join(gConfig['model_data'], "d_A")
27.    d_B_model_dir = os.path.join(gConfig['model_data'], "d_B")
28.    comb_model_dir = os.path.join(gConfig['model_data'], "comb")
29.    # 获取模型文件存储文件夹中的文件目录
30.    ckpt = tf.io.gfile.listdir(g_AB_model_dir)
31.    def create_model():
32.
33.        # 判断是否存在模型文件，如果存在则加载原来的模型，并在此基础上继续训
           练，否则新建模型相关文件
34.        if ckpt:
35.            # 加载已经存在的模型文件
36.            print("Reading model parameters from %s" % g_AB_model_dir)
37.            g_AB_model = tf.keras.models.load_model(g_AB_model_dir)
38.            # 加载已经存在的模型文件
39.            print("Reading model parameters from %s" % g_BA_model_dir)
40.            g_BA_model = tf.keras.models.load_model(g_AB_model_dir)
41.
42.            # 加载已经存在的模型文件
43.            print("Reading model parameters from %s" % d_A_model_dir)
44.            d_A_model = tf.keras.models.load_model(d_A_model_dir)
45.
46.            # 加载已经存在的模型文件
47.            print("Reading model parameters from %s" % d_B_model_dir)
48.            d_B_model = tf.keras.models.load_model(d_B_model_dir)
49.
50.            # 加载已经存在的模型文件
51.            print("Reading model parameters from %s" % comb_model_dir)
52.            comb_model = tf.keras.models.load_model(comb_model_dir)
53.            # 返回加载的模型
54.            return g_AB_model,g_BA_model,d_A_model,d_B_model,comb_model
55.        else:
56.            # 如果不存在模型文件，则实例化CycleganModel
```

```python
57.        model = cycleganModel.CycleGAN(gConfig['learning_rate'],
    gConfig['beta1'], gConfig['beta2'])
58.        # 调用模型中的create_model方法返回新构建的模型
59.        return model.create_model()
60. # 定义训练函数
61. def train():
62.     # 调用create_model方法构建模型
63.     g_AB_model,g_BA_model,d_A_model,d_B_model,comb_model=create_model()
64.     # 开始循环训练
65.     while True:
66.         #GAN的训练和其他神经网络的训练不一样,识别器和生成器需要交替进行
    训练。由于生成器的更新比较困难,所以一般识别器的训练步数比生成器的训练步
    数多,生成器和识别器的训练步数比可以通过dis_ecophs_pergen参数进行控制
67.         for i in range( gConfig['dis_ecophs_pergen']):
68.             # 开始分步批量进行训练
69.             for batch_i,(imgs_A,imgs_B) in enumerate(data_loader.
    load_batch(gConfig['batch_size'])):
70.
71.                 valid = np.ones((gConfig['batch_size'],) + disc_patch)
72.                 fake = np.zeros((gConfig['batch_size'],) + disc_patch)
73.
74.                 # 使用生成器生成的数据作为识别器的训练数据
75.                 fake_B = g_AB_model.predict(imgs_A, steps=1)
76.                 fake_A = g_BA_model.predict(imgs_B, steps=1)
77.
78.                 # 开始训练识别器,先训练识别A的识别器
79.                 dA_loss_real =d_A_model.train_on_batch(imgs_A, valid)
80.                 dA_loss_fake = d_A_model.train_on_batch(fake_A, fake)
81.                 dA_loss = 0.5 * np.add(dA_loss_real, dA_loss_fake)
82.                 # 再训练识别B的识别器
83.                 dB_loss_real = d_B_model.train_on_batch(imgs_B, valid)
84.                 dB_loss_fake = d_B_model.train_on_batch(fake_B, fake)
85.                 dB_loss = 0.5 * np.add(dB_loss_real, dB_loss_fake)
86.                 # 计算总的loss
87.                 d_loss = 0.5 * np.add(dA_loss, dB_loss)
88.                 print(d_loss)
89.
```

```
90.    # 在对识别器进行一定数量的epoch的训练之后，开始训练生成器
91.    for batch_i, (imgs_A, imgs_B) in enumerate(data_loader.load_
       batch(gConfig['batch_size'])):
92.        g_loss = comb_model.train_on_batch([imgs_A, imgs_B],
       [valid, valid, imgs_A, imgs_B, imgs_A, imgs_B])
93.        print(g_loss)
94.    # 在完成一个训练循环之后，保存相应的模型
95.    tf.keras.models.save_model(g_BA_model,g_BA_model_dir)
96.    tf.keras.models.save_model(g_AB_model, g_AB_model_dir)
97.    tf.keras.models.save_model(d_A_model, d_A_model_dir)
98.    tf.keras.models.save_model(d_B_model, d_B_model_dir)
99.    tf.keras.models.save_model(comb_model, comb_model_dir)
100.
101.# 定义风格迁移函数，也就是预测函数
102.def gen(img,gen_AB):
103.    # 调用create_model来获取已经保存的模型
104.    g_AB_model,g_BA_model,_,_,_=create_model()
105.    # 如果是进行A-B的风格迁移，则使用g_AB_model
106.    if gen_AB:
107.        img_AB=g_AB_model.predict(img,steps=1)
108.        return img_AB
109.    # 如果是进行风格迁移的还原，则使用g_BA_mode
110.    else:
111.        img_BA=g_BA_model.predict(img,steps=1)
112.        return img_BA
113.if __name__=='__main__':
114.    if len(sys.argv) - 1:
115.        gConfig = getConfig(sys.argv[1])
116.    else:
117.        # 获取配置文件的配置参数
118.        gConfig = getConfig.get_config()
119.    # 如果是训练模式则调用训练函数进行训练
120.    if gConfig['mode']=='train':
121.        train()
122.    #如果是服务模式，则直接调用app程序
123.    elif gConfig['mode']=='serve':
124.        print('Sever Usage:python3 app.py')
```

5.5.4 Web 应用实现

Web 应用的主要功能包括完成页面交互、图像格式判断、图像上传以及预测结果的返回展示。这里我们使用 Flask 这个轻量级 Web 应用框架来实现简单的页面交互和预测结果展示功能。

```
1.  # 导入所需要的依赖包
2.  import tensorflow as tf
3.  import getConfig
4.  from flask import Flask,render_template,request,make_response,jsonify
5.  from werkzeug.utils import secure_filename
6.  import os
7.  import data_loader
8.  import  execute
9.  from datetime import timedelta
10.
11. gConfig={}
12.
13. gConfig=getConfig.get_config(config_file='config.ini')
14. # 定义一个函数,判断文件是否存在,如果不存在,则自动新建一个文件
15. def _make_dir_if_not_exists(dir_path):
16.     if not tf.gfile.Exists(dir_path):
17.        tf.gfile.MakeDirs(dir_path)
18.
19. # 文件操作,创建文件
20. def _file_output_path(dir_path, input_file_path):
21.     return os.path.join(dir_path, os.path.basename(input_file_path))
22. # 定义风格迁移函数,对图像实现风格迁移
23. def trans(img_path,style):
24.    # 调用数据加载器的方法,读取单个图像数据
25.    img=data_loader.DataLoader.load_img(img_path)
26.    if style==1:
27.         return execute.predict(img,True)
28.    else:
29.         return execute.predict(img,False)
30.
31. """下面是一个app应用,其作用就是将图像上传,并显示风格迁移后的图像"""
32. # 设置所允许的文件格式
33. ALLOWED_EXTENSIONS = set(['png', 'jpg', 'JPG', 'PNG', 'bmp'])
```

```
34.  # 定义一个函数用来判断文件格式是否满足要求
35.  def allowed_file(filename):
36.      return '.' in filename and filename.rsplit('.', 1)[1] in ALLOWED_EXTENSIONS
37.
38.  app = Flask(__name__)
39.  # 设置静态文件缓存过期时间为1s
40.  app.send_file_max_age_default = timedelta(seconds=1)
41.  @app.route('/upload', methods=['POST', 'GET'])  # 添加路由
42.  def upload():
43.      if request.method == 'POST':
44.          f = request.files['file']
45.          if not (f and allowed_file(f.filename)):
46.              return jsonify({"error": 1001, "msg": "请检查上传的图像类型，仅限于png、PNG、jpg、JPG、bmp"})
47.          style_input = request.form.get("name")
48.
49.          basepath = os.path.dirname(__file__)  # 当前文件所在的路径
50.
51.          upload_path = os.path.join(basepath, 'predict_data/images', secure_filename(f.filename))  # 注意：如果文件夹不存在一定要先创建，否则会提示没有该路径
52.          f.save(upload_path)
53.          # 调用函数对上传的图像进行风格迁移
54.          image_data=trans(upload_path,style_input)
55.          response = make_response(image_data)
56.          response.headers['Content-Type'] = 'image/png'
57.          return response
58.
59.      return render_template('upload.html')
60.  # 启动函数，默认使用8989端口
61.  if __name__ == '__main__':
62.      app.run(host = '0.0.0.0',port = 8989,debug= False)
```

第 6 章
基于 Transformer 的文本情感分析编程实践

文本情感分析任务本质是自然语言序列的特征提取和基于特征的分类问题。相比于生成类 NLP 任务，文本情感分析任务的核心是自然语言特征的提取。文本特征提取一直是 NLP 主流的研究方向，从 RNN 到 AutoEncoder 再到 BERT 都是在特征提取方法上进行改进的。本章的实践案例选用与 BERT 类似的思路：将 Transformer 的 Encoder 作为特征提取器，然后接上全连接的神经网络进行分类拟合。在开始进行编程实践前，我们一起回顾一下 Transformer 相关理论知识，以便能够更好地理解模型结构的设计。

6.1　Transformer 相关理论知识

本节将从 Transformer 基本结构、注意力机制、位置编码三个方面介绍 Transformer 相关理论知识。

6.1.1　Transformer 基本结构

如图 6-1 所示的是在 *Attention Is All You Need* 论文中提出的 Transformer 结构图。

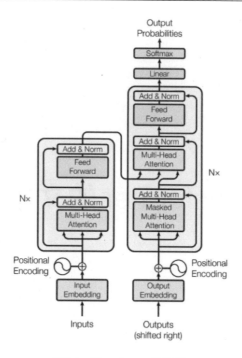

图6-1　Transformer结构图

从设计结构上看，Transformer 延续了 Seq2Seq 的 Encoder-Decoder 结构：对输入的数据进行 Encoder 编码提取特征，然后将 Encoder 的输出和标注数据一起输入 Decoder，最后计算字典内每个词的出现概率，选取最大概率对应的词作为最终输出。在 Transformer 结构中，Feed Forward 是前馈神经网络层，其作用是将 Multi-head Attention（多头注意力）层输出的数据进行非线性变换后输出。

6.1.2　注意力机制

注意力机制（Attention Mechanism）随着 *Attention Is All You Need* 论文的发表已经从 Seq2Seq 中提升效果的配角走到了 NLP 舞台的中央。本节我们将介绍常见的注意力机制。

1. 常见的注意力机制

注意力机制由来已久，从结构特点来看大致分为软注意力（Soft Attention）机制、硬注意力（Hard Attention）机制、全局注意力（Global Attention）机制、局部注意力（Local Attention）机制和多头注意力（Multi-head Attention）机制。

第 6 章 基于 Transformer 的文本情感分析编程实践

（1）软注意力机制

软注意力机制和传统的注意力机制在结构上没有区别，其将 Encoder 的输出全部作为输入，通过计算 score 来获得编码之后的隐性状态量。软注意力机制的计算过程是完全可导的，因此可以直接嵌入模型中进行训练，依据整个模型的梯度下降来更新参数。由于软注意力机制是将 Encoder 的全部输出作为自己的输入的，那么必然带来一定的算力浪费，这也是其在结构上的一个无法避免的缺陷。

（2）硬注意力机制

硬注意力机制是为了解决软注意力机制存在的算力浪费缺陷而设计的。软注意力机制将 Encoder 层的输出全部作为自己的输入导致了不可避免的算力浪费，而硬注意力机制将 Encoder 层的输出按照一定的概率 Si 作为自己的输入，这样就避免了算力的浪费。但是因为 Encoder 层的输出不是连续输入硬注意力机制的，不连续性造成了不可导。为了实现梯度的反向传播，需要采用蒙特卡罗采样的方法来估计模块的梯度。

（3）全局注意力机制

全局注意力机制和局部注意力机制是在 *Effective Approaches to Attention-based Neural Machine Translation* 论文中提出的，全局注意力机制将注意力覆盖 Encoder 的所有输入中间态（Hidden State），通过反向传播来更新每一个中间态的权重。如图 6-2 所示，注意力机制主要计算的是 c_t 和 a_t，其中 c_t 是上下文的向量，a_t 是每一个中间态的权重向量。

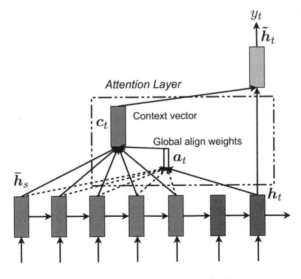

图6-2　全局注意力机制结构图

（4）局部注意力机制

局部注意力机制与全局注意力机制正好相反，其所覆盖的是一部分中间态，每次选取的中间态都是根据输出的 target 计算得到的，计算方法是 predictive alignment，其表达式如下：

$$p_t = S \cdot \text{sigmoid}(v_p^\top \tanh(W_p h_t))$$

公式中，v_p 和 W_P 是训练过程中的参数，h_t 是根据输出的 target 计算的输出，S 是输入序列的词数量，sigmoid 输出的是 0～1 之间的实数，通过 S 和 sigmoid 的相乘就会得到位置 p_t。最后我们以 p_t 为中心前后各取 D 个位置，就得到了局部注意力机制所需要关注的中间态的区间。局部注意力机制的结构如图 6-3 所示。

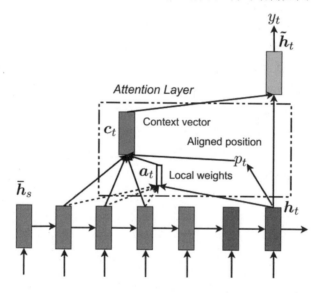

图6-3　局部注意力机制结构图

2. 多头注意力机制

多头注意力机制是在 *Attention Is All You Need* 论文中提出的，多头注意力是由多个 Scaled Dot-Product Attention（放缩点积注意力，点积是我们常用的计算相似度的方法之一，放缩指内积的大小是可控的）堆叠而得到的。与常见的注意力机制相比，放缩点积注意力机制主要是在相似计算和内积调节控制方面进行了改进。放缩点积注意力机制的结构如图 6-4 所示。

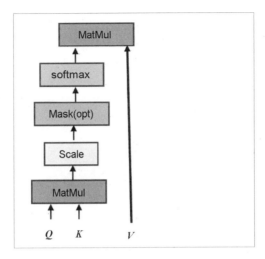

图6-4　放缩点积注意力机制结构图

放缩点积注意力的计算过程大概是这样的：首先计算每个 Q 与 K 矩阵的相似度，然后使用 softmax 对相似度向量进行归一化处理得到权重，最后将权重向量与 V 矩阵加权求和得到最终的 attention 值。这个过程看似简单，但是理解起来非常难，要理解这个过程，首先要理解 Self-Attention（自注意力）机制，我们通过一个例子对比来讲解自注意力机制。在传统的 attention 计算中，比如将"我爱包包"翻译成"I Love BaoBao"，那么 Love 这个词（就是 Q）对于"我爱包包"attention 的计算步骤是：首先计算 Love 和"我爱包包"这句话中每个词向量的相似度，然后将相似度向量归一化得到每个词的权重，最后将权重向量与"我爱包包"词向量矩阵加权求和，得到的就是 Love 对于"我爱包包"这句话的 attention 值，这个 attention 值表示的是 Love 和"爱"的映射关系。在自注意力机制中，在 Encoder 阶段计算"爱"与"我爱包包"这句话中每个词的 attention 值，在 Decoder 阶段计算"Love"与"I Love BaoBao"这句话中每个词的 attention 值，这个过程计算得到的 attention 值会作为下一个阶段神经网络的输入。

Q 与 K 的相似度计算过程是这样的：首先使用 MatMul 函数计算 Q 和 K 的相似度（MatMul 是一种点积函数）。为了能够更好地控制计算的复杂度，使用 Scale 函数对 MatMul 的计算结果进行缩放。

那么多头注意力又是怎么来的呢？这个其实很好理解，每一次放缩点积注意力的计算结果就是一个头注意力，那么计算多次就是多头注意力。在每次计算时 Q、K、V 使用不同的参数进行线性变换，这样虽然进行了多次放缩点积注意力的计算，但每次计算的结果是不同的。对输入数据进行不同的线性变换操作是特征增强的一种手段，因为至少从理论上增加了有效特征，可以提高神经网络模型的预测效果。多头注意力机制的结构如图 6-5 所示。

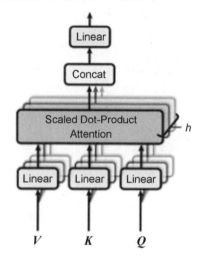

图 6-5　多头注意力机制结构图

6.1.3　位置编码

在 Transformer 结构中没有使用任何 RNN 或其变体结构，这样 Transformer 就存在一个天然的缺陷：没有办法提取序列的位置顺序特征。我们知道自然语言的数据是有时序性的，一个词在句子中出现的位置不同可以导致整个句子的意思完全不同。为了解决这个缺陷，在 Transformer 结构中使用了位置编码（Positional Encoding）来提取各个词的位置信息，并作为 Encoder 或 Decoder 的输入。

Transformer 位置编码的实现方式是：通过正余弦函数交替编码提取位置信息，然后将所提取的每个词的位置信息与每个词的 Embedding 输出相加作为 Encoder 或 Decoder 的输入。采用正余弦函数交替编码的公式如下：

$$PE_{(pos,2i)} = \sin(\frac{pos}{10000^{\frac{2i}{d_{model}}}})$$

$$PE_{(pos,2i+1)} = \cos(\frac{pos}{10000^{\frac{2i}{d_{model}}}})$$

公式中，pos 是每个词的位置信息，比如在"我爱包包"这句话中，"爱"的位置信息是"1"，如果直接用"1"进行特征表示的话，则会造成特征稀疏。为了避免特征稀疏，我们需要对这个"1"进行编码，可以采用正余弦函数交替编码，也可以采用 WordEmbedding 编码。通过试验发现，相比于 WordEmbedding 编码，采用正弦函数编码的方式所获得的效果更好，而且训练步数更少。笔者认为原因是正弦函数编码能够更好地体现不同词之间的位置关系，因为对于正弦函数来说，在一定的范围内变化可以近似于线性变换。

6.2 TensorFlow 2.0 API 详解

在基于 TensorFlow 2.0 的编程实践中，我们主要调用其 API 来完成编程，本节将对本项目编程中使用到的 API 进行详细讲解。

6.2.1 tf.keras.preprocessing.text.Tokenizer

在开始介绍 Tokenizer 之前，我们先来看一下 tf.keras.preprocessing.text 这个 API 库下的方法类，这些方法类在以后的编程中都有可能会用到。从官方文档中可以看到，在 text 库下包含的 API 有 hashing_trick、one_hot、text_to_word_sequence 和 Tokenizer。

（1）hashing_trick 用于对文本或者字符串进行哈希计算，并将计算所得的哈希值作为存储该文本或者字符串的索引。

（2）one_hot 用于对字符串序列进行独热编码。所谓的独热编码就是指在整个文本中，根据字符出现的次数进行排序，以序号作为字符的索引构成词频字典，在一个字典长度的全零序列中将序号对应的元素置 1 来表示序号的编码。比如"我"的序号是 5，全字典长度为 10，那么"我"的独热编码为[0,0,0,0,1,0,0,0,0,0]。

（3）text_to_word_sequence 用于将文本转换为一个字符序列。

（4）Tokenizer 是一个对文本进行数字符号化的方法类，在进行神经网络训练时输入的数据是数值，因此需要将文本字符转换为可进行数学计算的数值。在这个方法类中提供了 fit_on_sequences、fit_on_texts、get_config、sequences_to_matrix、sequences_to_texts 和 sequences_to_texts_generator 等方法。使用 Tokenizer，我们可以设置如下参数。

- num_words：配置符号化的最大数量。
- filters：配置需要过滤的文本符号，比如逗号、中括号等。
- lower：配置是否需要将大写全部转换为小写。这个配置是相对于英文来说的，对于中文来说不存在大小写的问题。

- split：配置进行分割的分隔符。
- char_level：配置字符串的级别。如果配置为 True，则表示每个字符都会作为一个 token。
- oov_token：配置不在字典中的字符替换数字，一般使用"3"这个数字来代替在字典中找不到的字符。

6.2.2　tf.keras.preprocessing.sequence.pad_sequences

在执行自然语言处理任务时，输入的自然语言语句是长短不一的，为了能够处理长短不一的数据就需要构建输入维度不同的计算子图，但是繁多的计算子图会导致训练速度和效果大大下降。因此，在进行训练前可以将训练数据填充成有限数量的维度类别，这样就可以大幅度降低整个网络规模以提高训练速度和效果，这个数据处理过程称为 Padding。pad_sequences 是具有 Padding 功能的 API，我们在使用 pad_sequences 时可以配置如下参数。

- sequences：配置输入数据集，可以是所有的训练数据集。
- maxlen：配置 sequences 的最大长度。
- dtype：配置输出 sequences 的格式。
- padding：配置填充的位置，可以填充在句子之前或者之后，对应的配置参数值分别是 pre 和 post。
- truncating：当句子超过最大长度时需要截断句子，可以配置是从前截断句子还是从后截断句子，对应的配置参数值分别是 pre 和 post。
- value：配置用于填充的值，可以是 float 或 string。

6.2.3　tf.data.Dataset.from_tensor_slices

from_tensor_slices 是 Dataset 方法类中的一个方法，其作用是将 Tensor 转换成元素为 slices 的数据集。

6.2.4　tf.keras.layers.Embedding

Embedding 的作用是将正整数转换成固定长度的连续向量，它和独热编码的作用类似，都是对数据字符数值进行编码的。不同的是，Embedding 将一个单纯数字转换成一个长度唯一的概率分布向量，能够避免独热编码产生的特征稀疏的问题，同时也能增加特征的描述维度。当使用 Embedding 进行神经网络构建时，

Embedding 层必须用在第一层对输入数据进行 Embedding 处理。在使用 Embedding 时，可以配置如下参数。

- input_dim：配置字典的长度。由于 Embedding 是针对词频字典中的索引进行处理的，因此需要配置字典的长度。
- output_dim：配置神经网络层的输出维度。
- embeddings_initializer：配置 Embedding 矩阵的初始化。
- embeddings_regularizer：配置 Embedding 矩阵的正则化方程。
- embeddings_constraint：配置 Embedding 的约束函数。
- mask_zero：配置 padding 的值是否为"0"。如果配置为 True，则将所有的"0"去除。
- input_length：配置输入语句的长度。

6.2.5 tf.keras.layers.Dense

Dense 这个神经网络层级提供了一个全连接的标准神经网络，在使用 Dense 时，需要配置如下参数。

- units：配置神经元的数量，也就是输出的特征数量。
- activation：配置激活函数，默认不使用激活函数。

6.2.6 tf.keras.optimizers.Adam

Adam 是一种可以替代传统随机梯度下降算法的梯度优化算法，Adam 是由 OpenAI 的 Diederik Kingma 和多伦多大学的 Jimmy Ba 在 2015 年发表的 ICLR 论文（*Adam: A Method for Stochastic Optimization*）中提出的。Adam 具备计算效率高、内存占用少等优势，自提出以来得到了广泛的应用。Adam 和传统的梯度下降优化算法不同，它可以基于训练数据的迭代情况来更新神经网络的权重，并通过计算梯度的一阶矩估计和二阶矩估计来为不同的参数设置独立的自适应学习率。Adam 适合于解决神经网络训练中的高噪声和稀疏梯度的问题，它的超参数简单、直观，并且只需要进行少量的调参就可以达到理想的效果。官方推荐的最优参数组合为（alpha=0.001, beta_1=0.9, beta_2=0.999, epsilon=10E-8），在使用 Adam 时可以配置如下参数。

- learning_rate：配置学习率，默认值是 0.001。

- beta_1：配置一阶矩估计的指数衰减率，默认值是 0.9。
- beta_2：配置二阶矩估计的指数衰减率，默认值是 0.999。
- epsilon：该参数是一个非常小的数值，以防止出现除以零的情况。
- amsgrad：配置是否使用 AMSGrad。
- name：配置优化器的名称。

6.2.7　tf.optimizers.schedules.LearningRateSchedule

LearningRateSchedule 是学习率自动调度方法类，可以根据字典的大小或者训练步数来自动调整学习率。在 LearningRateSchedule 中可以使用的方法有 form_config 和 get_config，其中 form_config 从配置文件中实例化一个学习率调度函数；get_config 从配置文件中获取配置参数。

6.2.8　tf.keras.layers.Conv1D

Conv1D 是一维卷积神经网络，可以对一维数据进行卷积计算。在使用 Conv1D 时可以配置如下参数。

- filters：配置输出数据的维度，或者说是输出过滤器的数量。数值需要是整型的。
- kernel_size：配置卷积核的大小。使用的是二维卷积核，因此需要配置卷积核的长和宽。数值是包含两个整型元素值的列表或者元组。
- strides：配置卷积核在做卷积计算时移动步幅的大小，分为 X、Y 两个方向。数值是包含两个整型元素值的列表或者元组，当 X、Y 两个方向的步幅大小一样时，也可以用一个整型元素值表示。
- padding：配置处理图像数据时在边界补零的策略，SAME 表示补零，VALID 则表示不补零。之所以这样配置，是因为我们在进行卷积计算或者池化时都会遇到图像边界数据的问题，当边界像素不能正好被卷积或者池化的步幅整除时，就只能要么在边界外补零凑成一个步幅长度，或者直接舍弃边界的像素特征。
- data_format：配置输入图像数据的格式，默认格式是 channels_last，也可以根据需要设置成 channels_first。在进行图像数据处理时，图像数据的格式分为 channels_last(batch, height, width, channels) 和 channels_first(batch, channels, height, width)。

- dilation_rate：配置当使用扩张卷积时，每次的扩张率是多少。
- activation：配置激活函数。如果不配置，则不会使用激活函数。
- use_bias：配置 Conv1D 层的神经网络是否使用偏置向量。
- kernel_initializer：配置卷积核的初始化。
- bias_initializer：配置偏置向量的初始化。

6.2.9　tf.nn.moments

tf.nn.moments 可以用于计算数值的平均值和方差，使用该 API 时配置的参数如下。

- x：是需要计算平均值和方差的向量，是 Tensor 类型。
- axes：一个整型数组，是需要计算平均值和方差数组的 index 值。
- shift：当前是没用的参数。
- keepdims：配置返回的平均值和方差是否与输入数据保持同样的维度。
- name：对操作对象进行命名。

6.3　项目工程结构设计

如图 6-6 所示，整个项目工程结构分为两部分：文件夹和代码文件，在编程实践中强烈建议采用文件夹和代码文件的方式来设计项目工程结构。所谓的文件夹和代码文件的方式是指把所有的 Python 代码文件放在根目录下，其他需要存放的静态文件、训练数据文件和模型文件等都放在文件夹中。

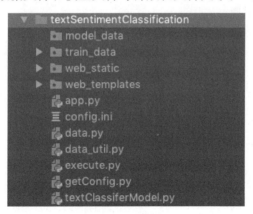

图6-6　项目工程结构

从 Python 代码文件名可以看出，本项目分为五个部分：配置工具（getConfig.py）、数据预处理器（data_util.py）、神经网络模型（textClassiferModel.py）、执行器（execute.py）和应用程序（app.py）。配置工具提供通过配置文件来全局配置神经网络超参数的功能；数据预处理器提供数据加载功能；神经网络模型是由 Transformer 的 Encoder 部分和全连接神经网络组成的网络结构；执行器提供保存训练模型、预测模型等功能；应用程序是一个基于 Flask 的用于人机交互的简单 Web 应用程序。

在文件夹中，model_data 存放训练导出的模型文件；train_data 存放训练数据；web_templates 存放 HTML、JS 等静态文件。

6.4 项目实现代码详解

本章的项目实现代码会在 GitHub 上开源，本节主要对源代码进行详细注释和讲解相应的编程知识点。项目实现代码包括工具类实现、data_util 实现、textClassiferModel 实现、执行器实现、Web 应用实现的代码。

6.4.1 工具类实现

在实际的项目中，我们往往需要对参数进行频繁的调整，因此可以定义一个工具类来读取配置文件中的配置参数，这样在调参时只需要对配置文件中的参数进行调整，即可实现对全部参数的调整。

```
1.  #引入configparser包，它是Python中用于读取配置文件的包，配置文件的格式可以为：[]（其中包含的为section）
2.  import configparser
3.  #定义读取配置文件函数，分别读取section的配置参数，section包括ints、floats、strings
4.  def get_config(config_file='config.ini'):
5.      parser=configparser.ConfigParser()
6.      parser.read(config_file)
7.      #获取整型参数，按照key-value的形式保存
8.      _conf_ints = [(key, int(value)) for key, value in parser.items('ints')]
9.      #获取浮点型参数，按照key-value的形式保存
10.     _conf_floats = [(key, float(value)) for key, value in parser.items('floats')]
```

11. 　　#获取字符型参数，按照key-value的形式保存
12. 　　_conf_strings = [(key, str(value)) for key, value in parser.items('strings')]
13. 　　#返回一个字典对象，包含读取的参数
14. 　　return dict(_conf_ints + _conf_floats + _conf_strings)

对应本章项目实践中的神经网络超参数的配置文件如下：

1. [strings]
2. #配置执行器的运行模式：train、serve
3. mode = train
4. #配置训练集标注为积极的文本数据
5. train_pos_data_path=aclImdb/train/pos
6. #配置训练集标注为消极的文本数据
7. train_neg_data_path=aclImdb/train/neg
8. #配置测试集标注为积极的文本数据
9. test_pos_data_path=aclImdb/test/pos
10. #配置测试集标注为消极的文本数据
11. test_neg_data_path=aclImdb/test/neg
12. #配置汇集文本路径
13. train_pos_data=train_data/train_pos_data.txt
14. train_neg_data=train_data/train_neg_data.txt
15. test_pos_data=train_data/test_pos_data.txt
16. test_neg_data=train_data/test_neg_data.txt
17. all_data=all_data.txt
18. #配置字典的路径
19. vocabulary_file=train_data/vocab10000.txt
20. #配置训练集的路径
21. working_directory=train_data/
22. #配置模型保存路径
23. model_dir=model_data/
24. #配置训练集文件
25. npz_data=train_data/imdb.npz
26.
27. [ints]
28. #配置字典的大小
29. vocabulary_size=10000
30. #配置最大语句长度
31. sentence_size = 100

```
32.  #配置Embedding的长度
33.  embedding_size = 80
34.  #配置保存点
35.  steps_per_checkpoint = 10
36.  #配置EncoderLayer的层数
37.  num_layers = 4
38.  #配置多头的头数量
39.  num_heads = 8
40.  #配置批大小
41.  batch_size=64
42.  #配置完整训练周期数
43.  epochs = 1
44.  #配置随机打乱参数
45.  shuffle_size=20000
46.  diff=1024
47.
48.  [floats]
49.  #配置神经元的失效概率
50.  dropout_rate=0.1
```

6.4.2 data_util 实现

在本章的 data_util 中需要实现的功能比较多,包括 word2num、字典的生成、输入数据和标签数据的处理、npz 文件的保存等。

```
1.   # -*- coding:utf-8 -*-
2.   import os
3.   import numpy as np
4.   import getConfig
5.
6.   gConfig={}
7.   gConfig=getConfig.get_config(config_file='config.ini')
8.
9.   UNK = "__UNK__" # 标注在词汇表中未出现的字符
10.  START_VOCABULART = [UNK]
11.  UNK_ID = 3
12.  #定义字典生成函数
```

```
13. #生成字典的原理很简单，就是统计所有训练数据中的词频，然后按照词频进行排序，
    每个词在训练集中出现的次数就是其对应的编码
14. #知识点：函数定义，在函数中函数调用是不需要声明的，字典类型
15.
16. """
17. 词频字典的创建：
18. 1.读取所有的词
19. 2.统计每个词出现的次数
20. 3.排序
21. 4.取值保存
22. """
23.
24. def create_vocabulary(input_file,vocabulary_size,output_file):
25.     vocabulary = {}
26.     k=int(vocabulary_size)
27.     with open(input_file,'r') as f:
28.         counter = 0
29.         for line in f:
30.             counter += 1
31.             tokens = [word for word in line.split()]
32.             for word in tokens:
33.                 if word in vocabulary:
34.                     vocabulary[word] += 1
35.                 else:
36.                     vocabulary[word] = 1
37.         vocabulary_list = START_VOCABULART + sorted(vocabulary, key=vocabulary.get, reverse=True)
38.         #根据配置，取vocabulary_size大小的字典
39.         if len(vocabulary_list) > k:
40.             vocabulary_list = vocabulary_list[:k]
41.         #将所生成的字典保存到文件中
42.         print(input_file + " 词汇表大小:", len(vocabulary_list))
43.         with open(output_file, 'w') as ff:
44.             for word in vocabulary_list:
45.                 ff.write(word + "\n")
46.
47. #在生成字典之后，需要将之前训练集中的词全部用字典进行替换
48. #知识点：list的append和extend，dict的get操作，文件的写入操作
```

```
49.
50. #把对话字符串转换为向量形式
51.
52. """
53. 1.遍历文件
54. 2.找到一个字，然后做替换
55. 3.保存文件
56. """
57.
58. def convert_to_vector(input_file, vocabulary_file, output_file):
59.     print('文字转向量...')
60.     tmp_vocab = []
61.     #读取字典文件中的数据，生成一个dict，也就是键值对的字典
62.     with open(vocabulary_file, "r") as f:
63.         tmp_vocab.extend(f.readlines())
64.     tmp_vocab = [line.strip() for line in tmp_vocab]
65.     #将vocabulary_file中的键值对互换，因为在字典文件中是按照{123：好}这种格式存储的，需要转换成{好：123}格式
66.     vocab = dict([(x, y) for (y, x) in enumerate(tmp_vocab)])
67.
68.     output_f = open(output_file, 'w')
69.     with open(input_file, 'r') as f:
70.         line_out=[]
71.         for line in f:
72.             line_vec = []
73.             for words in line.split():
74.                 #获取words的对应编码，如果找不到就返回UNK_ID
75.                 line_vec.append(vocab.get(words, UNK_ID))
76.             #将input_file中的中文字符通过查字典的方式替换成对应的key,并保存在output_file中
77.             output_f.write(" ".join([str(num) for num in line_vec]) + "\n")
78.             #print(line_vec)
79.             line_out.append(line_vec)
80.     output_f.close()
81.     return line_out
82.
```

```python
83.  def prepare_custom_data(working_directory,train_pos,train_neg,
     test_pos,test_neg,all_data,vocabulary_size):
84.
85.      #生成字典的路径，Encoder和Decoder的字典是分开的
86.      vocab_path = os.path.join(working_directory, "vocab%d.txt" % vocabulary_size)
87.
88.      #生成字典文件
89.      create_vocabulary(all_data,vocabulary_size,vocab_path)
90.      #将训练集中的中文字符用字典进行替换
91.      pos_train_ids_path = train_pos + (".ids%d" % vocabulary_size)
92.      neg_train_ids_path = train_neg + (".ids%d" % vocabulary_size)
93.      #对训练集中分类为积极的数据进行word2num转换
94.      train_pos=convert_to_vector(train_pos, vocab_path, pos_train_ids_path)
95.      #对训练集中分类为消极的数据进行word2num转换
96.      train_neg=convert_to_vector(train_neg, vocab_path, neg_train_ids_path)
97.
98.      #将测试集中的中文字符用字典进行替换
99.      pos_test_ids_path = test_pos + (".ids%d" % vocabulary_size)
100.     neg_test_ids_path = test_neg + (".ids%d" % vocabulary_size)
101.     #对测试集中分类为积极的数据进行word2num转换
102.     test_pos=convert_to_vector(test_pos, vocab_path, pos_test_ids_path)
103.     #对测试集中分类为消极的数据进行word2num转换
104.     test_neg=convert_to_vector(test_neg, vocab_path, neg_test_ids_path)
105.     return train_pos,train_neg,test_pos,test_neg
106. #调用prepare_custom_data函数对整理好的训练数据和测试数据进行word2num转换
107. train_pos,train_neg,test_pos,test_neg=prepare_custom_data(gConfig
     ['working_directory'],gConfig['train_pos_data'],gConfig['train_neg
     _data'],gConfig['test_pos_data'],gConfig['test_neg_data'],gConfig[
     'all_data'],gConfig['vocabulary_size'])
108. #定义两个数据分别用来存储训练集和测试集的label，积极label用0表示，消极label用1表示
109. y_trian=[]
110. y_test=[]
111. #循环为训练集数据和测试集数据打上标签
```

```
112.for i in range(len(train_pos)):
113.    y_trian.append(0)
114.for i in range(len(train_neg)):
115.    y_trian.append(1)
116.
117.for i in range(len(test_pos)):
118.    y_test.append(0)
119.for i in range(len(test_neg)):
120.    y_test.append(1)
121.
122.#对训练集中的积极数据和消极数据进行拼接
123.x_train=np.concatenate((train_pos,train_neg),axis=0)
124.#对测试集中的积极数据和消极数据进行拼接
125.x_test=np.concatenate((test_pos,test_neg),axis=0)
126.#将拼接后的数据和标签数据保存为npz格式文件
127.np.savez("train_data/imdb.npz",x_train,y_trian,x_test,y_test)
```

6.4.3 textClassiferMode 实现

在 textClassiferMode 实现中，根据实际需要我们只实现了 Transformer 的 Encoder 部分，把这部分的输出作为对文本信息的提取输入到一个全连接神经网络中进行文本分类任务的训练。

```
1.  # -*- coding: utf-8 -*-
2.  #导入依赖包
3.  import tensorflow as tf
4.  import numpy as np
5.  import getConfig
6.  #初始化一个字典，并从配置文件中获取配置参数
7.  gConfig={}
8.  gConfig=getConfig.get_config(config_file='config.ini')
9.  #定义一个layernomalization函数，它按照网络层对参数进行归一化处理，以提高训练效率
10. def layernormalization_(inputs,epsilon=1e-6):
11.     #获取输入数据的维度
12.     inputsShape = inputs.get_shape() # [batch_size, sequence_length, embedding_size]
13.     #获取参数的维度
```

```
14.        paramsShape = inputsShape[-1:]
15.        #计算输入数据的平均值和方差
16.        mean, variance = tf.nn.moments(inputs, [-1], keepdims=True)
17.        #初始化beta参数矩阵
18.        beta = tf.Variable(tf.zeros(paramsShape))
19.        #初始化gamma参数矩阵
20.        gamma = tf.Variable(tf.ones(paramsShape))
21.        #对数据进行归一化处理
22.        normalized = (inputs - mean) / ((variance + epsilon) ** .5)
23.        #输出layernomalization的计算结果
24.        outputs = gamma * normalized + beta
25.
26.        return outputs
27.
28. #定义一个函数对位置信息进行处理，以便能够使用正弦函数和余弦函数编码。这里
    的计算可以参考1.3节的内容
29. def get_angles(pos, i, d_model):
30.     angle_rates = 1 / np.power(10000, (2 * (i//2)) / np.float32(d_model))
31.     return pos * angle_rates
32.
33. #定义位置编码函数，分别使用正弦函数和余弦函数对位置信息进行编码
34. def positional_encoding(position, d_model):
35.     #对输入的position位置信息进行处理
36.     angle_rads = get_angles(np.arange(position)[:, np.newaxis],
37.                             np.arange(d_model)[np.newaxis, :],
38.                             d_model)
39.
40.     #根据奇偶交替编码的原则，当位置是偶数时使用正弦函数编码
41.     sines = np.sin(angle_rads[:, 0::2])
42.
43.     #当位置是奇数时使用余弦函数编码
44.     cosines = np.cos(angle_rads[:, 1::2])
45.     #对位置编码的结果进行拼接，形成完整语句的位置编码
46.     pos_encoding = np.concatenate([sines, cosines], axis=-1)
47.     pos_encoding = pos_encoding[np.newaxis, ...]
48.
49.     # 对位置编码的结果进行类型转换，转换为float32类型并返回
50.     return tf.cast(pos_encoding, dtype=tf.float32)
```

```
51.
52.    #定义放缩点积注意力计算函数，输入的值为q、k、v
53.    def scaled_dot_product_attention(q, k, v):
54.
55.      """
56.      参数含义：
57.        q: query的维度为(batch_size, seq_len_q, depth)
58.        k: key的维度为(batch_size, seq_len_k, depth)
59.        v: value的维度为(batch_size, seq_len_v, depth)
60.        mask: mask的维度为(batch_size, seq_len_q, seq_len_k)，默认是None
61.
62.
63.      返回结果：
64.        output, attention_weights
65.      """
66.
67.      #将q、k进行点积相乘，计算q、k的相似度
68.      matmul_qk = tf.matmul(q, k, transpose_b=True)
69.
70.      #对k的第一个维度值进行类型转换，作为缩放matmul_qk的因子
71.      dk = tf.cast(tf.shape(k)[-1], tf.float32)
72.      #通过matmul_qk直接除以缩放因子的平方根，实现对matmul_qk的缩放
73.      scaled_attention_logits = matmul_qk / tf.math.sqrt(dk)
74.
75.      if mask is not None:
76.          scaled_attention_logits += (mask*-1eq)
77.
78.      #使用sotfmax计算相似度权重矩阵
79.      attention_weights = tf.nn.softmax(scaled_attention_logits, axis=-1)
80.      #利用相似度权重矩阵和v进行加权平均得到attention值
81.      output = tf.matmul(attention_weights, v)   # (..., seq_len_v, depth)
82.      #返回attention的值和attention权重
83.      return output, attention_weights
84.
85.    #定义一个类用于搭建MultiHeadAttention，实现多头注意力机制
86.    class MultiHeadAttention(tf.keras.layers.Layer):
87.      #定义初始化函数，分别初始化head的数量和Embedding的维度
```

```python
88.     def __init__(self, d_model, num_heads):
89.         super(MultiHeadAttention, self).__init__()
90.         #初始化head的数量
91.         self.num_heads = num_heads
92.         #初始化Embedding的维度
93.         self.d_model = d_model
94.         #断定head的数量能够被Embedding的维度整除,如果不能整除,则不会进行后续操作
95.         assert d_model % self.num_heads == 0
96.         #通过d_model和num_heads整除求得网络的深度
97.         self.depth = d_model // self.num_heads
98.         #初始化四个全连接层,分别是self.wq、self.wk、self.wv和self.dense,其神经元的数量都是d_model,用于后续对q、k、v的线性变换
99.         self.wq = tf.keras.layers.Dense(d_model)
100.        self.wk = tf.keras.layers.Dense(d_model)
101.        self.wv = tf.keras.layers.Dense(d_model)
102.        self.dense = tf.keras.layers.Dense(d_model)
103.
104.    #定义一个以head为颗粒度的维度分割函数,将最后的输出维度分割成(num_heads, depth)的维度
105.    def split_heads(self, x, batch_size):
106.        """
107.        Split the last dimension into (num_heads, depth).
108.        Transpose the result such that the shape is (batch_size, num_heads, seq_len, depth)
109.        """
110.        #对函数输入先进行维度变换,变换成(batch_size, -1, self.num_heads, self.depth)
111.        x = tf.reshape(x, (batch_size, -1, self.num_heads, self.depth))
112.        #对x进行矩阵转置
113.        return tf.transpose(x, perm=[0, 2, 1, 3])
114.    #定义调用函数,主要的算法计算在本函数中实现
115.    def call(self, v, k, q, mask):
116.        batch_size = tf.shape(q)[0]
117.        #对q、k、v进行线性变换
118.        q = self.wq(q)  # (batch_size, seq_len, d_model)
119.        k = self.wk(k)  # (batch_size, seq_len, d_model)
120.        v = self.wv(v)  # (batch_size, seq_len, d_model)
```

```
121.    #对q、k、v进行以head为颗粒度的维度分割
122.    q = self.split_heads(q, batch_size)  # (batch_size, num_heads, seq_len_q, depth)
123.    k = self.split_heads(k, batch_size)  # (batch_size, num_heads, seq_len_k, depth)
124.    v = self.split_heads(v, batch_size)  # (batch_size, num_heads, seq_len_v, depth)
125.
126.    #调用放缩点积注意力函数计算q、k、v的attention值
127.    scaled_attention, attention_weights = scaled_dot_product_attention(q, k, v, mask)
128.
129.    #对计算得到的q、k、v的attention值矩阵进行转置
130.    scaled_attention = tf.transpose(scaled_attention, perm=[0, 2, 1, 3])  # (batch_size, seq_len_v, num_heads, depth)
131.    #对转置后的矩阵进行维度变换，变换为(batch_size, seq_len_v, d_model)
132.    concat_attention = tf.reshape(scaled_attention,
133.                                  (batch_size, -1, self.d_model))  # (batch_size, seq_len_v, d_model)
134.    #最后进行一次线性变换，得到最终的输出值
135.    output = self.dense(concat_attention)
136.
137.    return output, attention_weights
138.
139.#定义feed_forward函数，这里使用的是两层一维卷积神经网络，激活函数为ReLU，输出维度是Embedding的维度，使用1×1的核函数
140.def point_wise_feed_forward_network(d_model, diff):
141.    return tf.keras.Sequential([
142.        tf.keras.layers.Dense(diff, activation='relu'),  # (batch_size, seq_len, dff)
143.        tf.keras.layers.Dense(d_model)  # (batch_size, seq_len, d_model)
144.    ])
145.
146.#定义EncoderLayer神经网络层
147.class EncoderLayer(tf.keras.layers.Layer):
148.    #定义初始化函数
```

```
149.    def __init__(self, d_model, diff, num_heads, rate=0.1):
150.        super(EncoderLayer, self).__init__()
151.        #初始化MultiHeadAttention的输出
152.        self.mha = MultiHeadAttention(d_model, num_heads)
153.        #初始化前馈神经网络层
154.        self.ffn = point_wise_feed_forward_network(d_model, diff)
155.        #初始化Dropout层和归一化层
156.        self.dropout1 = tf.keras.layers.Dropout(rate)
157.        self.dropout2 = tf.keras.layers.Dropout(rate)
158.        self.layernorm1=tf.layers.layerNormalization(epsilon=1e-6)
159.        self.layernorm2=tf.layers.layerNormalization(epsilon=1e-6)
160.    #定义主调用函数，主要的算法计算在本函数中实现
161.    def call(self, x, training, mask):
162.        #计算MultiHeadAttention的值，这里q=k=v=x
163.        attn_output, _ = self.mha(x, x, x, mask)  # (batch_size, input_seq_len, d_model)
164.        #加上一层Dropout，实现对神经网络参数的正则化，防止过拟合
165.        attn_output = self.dropout1(attn_output, training=training)
166.        #加上一层layernormalization，对输入数据的分层进行归一化，以提高训练效率。这里进行了一次x和attention值的相加操作来加强特征
167.        out1 = self.layernorm1(inputs=x + attn_output)  # out1的维度为(batch_size, input_seq_len, d_model)
168.        #加上一层前馈神经网络，对输入数据进行处理
169.        ffn_output = self.ffn(out1)  # 维度为(batch_size, input_seq_len, d_model)
170.        #加上一层Dropout，实现对神经网络参数的正则化，防止过拟合
171.        ffn_output = self.dropout2(ffn_output, training=training)
172.        #加上一层layernormalization，对输入数据的分层进行归一化，以提高训练效率。这里进行了一次 out1和ffn_output值的相加操作来加强特征
173.        out2 = self.layernorm2(inputs=out1 + ffn_output)  # out2的维度为(batch_size, input_seq_len, d_model)
174.        #返回最后处理的结果
175.        return out2
176.
177.#定义Encoder类，用于构建完整的Encoder
178.class Encoder(tf.keras.layers.Layer):
179.    #定义初始化函数
180.    def __init__(self, num_layers, d_model, diff, num_heads,
```

```
181.                  input_vocab_size, rate=0.1):
182.        super(Encoder, self).__init__()
183.        #初始化Embedding的维度
184.        self.d_model = d_model
185.        #初始化encoder_layer的数量
186.        self.num_layers = num_layers
187.        #初始化Embedding函数
188.        self.embedding = tf.keras.layers.Embedding(input_vocab_size,
    d_model)
189.        #初始化位置编码函数
190.        self.pos_encoding = positional_encoding(input_vocab_size,
    self.d_model)
191.
192.        #初始化enc_layers层
193.        self.enc_layers = [EncoderLayer(d_model, diff, num_heads, rate)
194.                           for _ in range(num_layers)]
195.        #初始化Dropout层
196.        self.dropout = tf.keras.layers.Dropout(rate)
197.
198.    #定义主调用函数,算法计算全部在本函数中实现
199.    def call(self, x, training, mask):
200.        #获得输入语句x的长度
201.        seq_len = tf.shape(x)[1]
202.
203.        #对x进行Embedding编码
204.        x = self.embedding(x)   # 维度为(batch_size, input_seq_len, d_model)
205.        #对Embedding结果进行归一化处理
206.        x *= tf.math.sqrt(tf.cast(self.d_model, tf.float32))
207.        #对语句x中的词进行位置编码,并与x的Embedding的归一化结果相加
208.        x += self.pos_encoding[:, :seq_len, :]
209.        #使用Dropout层对x进行正则化处理
210.        x = self.dropout(x, training=training)
211.        #将x输入多层叠加的enc_layers中进行处理
212.        for i in range(self.num_layers):
213.            x = self.enc_layers[i](x, training)
214.
215.        #返回最后的处理结果
216.        return x   #维度为(batch_size, input_seq_len, d_model)
```

```
217.#定义Transformer类，是Model类型。这里定义的其实是经过改造的特别版的
    Transformer，因为只有Encoder，且处理的是分类任务，因此我们只用Encoder
    来提取特征，然后接上全连接网络拟合分类
218.class Transformer(tf.keras.Model):
219.    #定义初始化函数
220.    def __init__(self, num_layers, d_model, diff, num_heads,
    input_vocab_size, rate=0.1):
221.        super(Transformer, self).__init__()
222.        #实例化一个Encoder，用于文本特征提取
223.        self.encoder = Encoder(num_layers, d_model, diff, num_heads,
    input_vocab_size, rate)
224.
225.        #初始化输出层，输出维度为2，使用softmax激活函数
226.        self.ffn_out=tf.keras.layers.Dense(2,activation='softmax')
227.        #初始化Dropout层
228.        self.dropout1 = tf.keras.layers.Dropout(rate)
229.
230.    #定义主调用函数，算法计算全部在本函数中实现
231.    def call(self, inp, training, enc_padding_mask):
232.
233.        #对输入语句使用Encoder进行特征提取
234.        enc_output = self.encoder(inp, training, enc_padding_mask)  #维
    度为(batch_size, inp_seq_len, d_model)
235.
236.        out_shape=gConfig['sentence_size']*gConfig['embedding_size']
237.
238.        #对Encoder的输出进行维度变换
239.        enc_output=tf.reshape(enc_output,(-1,out_shape))
240.
241.        #加一个Dropout层
242.        ffn=self.dropout1(enc_output, training=training)
243.
244.        #将Dropout层的输出输入输出层中，得到最后的结果
245.        ffn_out=self.ffn_out(ffn)
246.
247.        return ffn_out
248.
249.#定义一个学习率自动规划类，实现根据不同的训练集和训练进度自动设置学习率
```

```
250. class CustomSchedule(tf.optimizers.schedules.LearningRateSchedule):
251.    #定义初始化函数
252.    def __init__(self, d_model, warmup_steps=40):
253.        super(CustomSchedule, self).__init__()
254.
255.        #初始化Embeddding的维度
256.        self.d_model = d_model
257.        self.d_model = tf.cast(self.d_model, tf.float32)
258.
259.        #初始化warmup_steps
260.        self.warmup_steps = warmup_steps
261.
262.    #定义主函数
263.    def __call__(self, step):
264.        #定义两个参数，即agr1和agr2，取其最小值作为学习率的计算因子之一，其中agr1是去训练步数的平方根倒数，agr2是去训练步数与warmup_steos的1.5次方的除数
265.        arg1 = tf.math.rsqrt(step)
266.        arg2 = step * (self.warmup_steps ** -1.5)
267.        #将Embedding平方根的倒数与agr1、arg2中的最小值乘积作为学习率
268.
269.        return tf.math.rsqrt(self.d_model) * tf.math.minimum(arg1, arg2)
270.
271. #实例化一个学习率规划函数
272. learning_rate = CustomSchedule(gConfig['embedding_size'])
273. #实例化一个优化器，这里选择常用的Adam优化器
274. optimizer = tf.keras.optimizers.Adam(learning_rate)
275.
276. #实例化一个训练模型损失评估方法
277. train_loss = tf.metrics.Mean(name='train_loss')
278. #实例化一个训练模型准确率评估方法
279. train_accuracy = tf.keras.metrics.SparseCategoricalAccuracy(name='train_accuracy')
280. #实例化一个Transformer
281. transformer = Transformer(gConfig['num_layers'],gConfig['embedding_size'],
```

```
       gConfig['diff'],gConfig['num_heads'],
       gConfig['vocabulary_size'],gConfig['dropout_rate'])
282.#实例化一个checkpoint用于保存训练的模型
283.ckpt = tf.train.Checkpoint(transformer=transformer,optimizer=
   optimizer)
284.#定义一个padding遮罩函数，去除在语句进行padding时引入的噪声
285.def create_padding_mask(seq):
286.    seq=tf.cast(tf.math.equl(seq,0),tf.float32)
287.    return seq[:,tf.newaxis,tf.newaxis,:]
288.#定义一个函数，既能够完成训练模式，也能够完成预测模式
289.def step(inp, tar,train_status=True):
290.#去除inp在padding时引入的噪声
291.    enc_padding_mask=create_padding_mask(inp)
292.    if train_status:
293.      with tf.GradientTape() as tape:
294.        #使用transformer对输入inp进行预测
295.        predictions= transformer(inp, True, enc_padding_mask)
296.        #对标签数据进行独热编码，使用[0,1]表示1, [1,0]表示0
297.        tar=tf.keras.utils.to_categorical(tar,2)
298.        #计算预测值与标签值之间的loss, 使用分类交叉熵来计算loss
299.        loss=tf.losses.categorical_crossentropy(tar,predictions)
300.        #计算实际值与预测值之间的交叉熵
301.        loss = tf.losses.binary_crossentropy(tar, predictions)
302.
303.      #计算每一个训练参数的梯度
304.      gradients = tape.gradient(loss, transformer.trainable_variables)
305.      #根据计算出的梯度，沿着梯度下降的方向更新整个网络中的参数
306.      optimizer.apply_gradients(zip(gradients, transformer.trainable_
   variables))
307.      #返回损失值和准确率
308.      return train_loss(loss),train_accuracy(tar,predictions)
309.
310.#定义一个验证函数，使用测试集的数据对训练好的模型进行验证
311.def evaluate(inp,tar):
312.    #使用transformer对输入inp进行预测
313.    predictions= transformer(inp,Flase)
314.    #对预测结果进行维度变换，变换成一维数组
```

```
315.    predictions=tf.reshape(predictions,(1,gConfig['batch_size']))
316.
317.    #计算实际值与预测值之间的交叉熵
318.    loss =tf.losses.binary_crossentropy(tar, predictions)
319.    #返回损失值和准确率
320.    return train_loss(loss),train_accuracy(tar,predictions)
```

6.4.4 执行器实现

执行器实现的是模型创建、训练模型保存、模型加载和预测的功能，因此在编程实践中我们定义了 create_model、train 和预测函数。具体的实现代码及其详细注释如下：

```
1.  # -*- coding: utf-8 -*-
2.  #导入所需要的依赖包
3.  import string
4.  import tensorflow as tf
5.  import numpy as np
6.  import getConfig
7.  import tensorflow.keras.preprocessing.sequence as sequence
8.  import textClassiferModel as model
9.  import time
10. UNK_ID=3
11. #初始化一个字典，并将从配置文件中获取的配置参数放入其中
12. gConfig={}
13. gConfig=getConfig.get_config(config_file='config.ini')
14.
15. #初始化sentence_size
16. sentence_size=gConfig['sentence_size']
17. #初始化Embedding的维度
18. embedding_size = gConfig['embedding_size']
19. #初始化字典的大小
20. vocab_size=gConfig['vocabulary_size']
21. #初始化模型存储路径
22. model_dir = gConfig['model_dir']
23.
24. #定义一个npz文件读取函数，并返回所读取的数据
25. def read_npz(data_file):
```

```
26.      r = np.load(data_file)
27.      return r['arr_0'],r['arr_1'],r['arr_2'],r['arr_3']
28.
29. #定义一个padding函数，对长度不足的语句使用0进行补全
30. def pad_sequences(inp):
31.     out_sequences=sequence.pad_sequences(inp,maxlen=gConfig
   ['sentence_size'], padding='post',value=0)
32.     return out_sequences
33.
34. #调用read_npz函数读取训练数据
35. x_train, y_train, x_test, y_test =read_npz(gConfig['npz_data'])
36.
37. #对训练数据进行长度补全，使用之前定义的pad_sequences函数
38. x_train=pad_sequences(x_train)
39. x_test= pad_sequences(x_test)
40.
41. #使用tf.data将训练数据构造成Dataset对象，这样就可以使用Dataset属性方法
   对数据进行操作了，如使用shuffle对数据进行随机打乱
42. dataset_train = tf.data.Dataset.from_tensor_slices((x_train,y_train)).
   shuffle(gConfig['shuffle_size']
43.
44. #使用tf.data将测试数据构造成Dataset对象，这样就可以使用Dataset属性方法
   对数据进行操作了，如使用shuffle对数据进行随机打乱
45. dataset_test = tf.data.Dataset.from_tensor_slices((x_test,y_test)).
   shuffle(gConfig['shuffle_size']
46.
47. #初始化checkpoint_path
48. checkpoint_path = gConfig['model_dir']
49.
50. #实例化一个CheckpointManager，保存和读取checkpoint文件
51. ckpt_manager = tf.train.CheckpointManager(model.ckpt,
   checkpoint_path, max_to_keep=5)
52.
53. #定义一个模型构建函数，用于加载已经训练好的模型，或者直接使用导入的模型
54. def create_model():
55.     ckpt=tf.io.gfile.listdir(checkpoint_path)
56.     if ckpt:
57.         print("重新加载训练好的模型")
```

```
58.        model.ckpt.restore(tf.train.latest_checkpoint(checkpoint_path)
59.            return model
60.    else:
61.            return model
62.
63. #定义一个训练函数
64. def train():
65.        model=craet_model()
66.        #按照epoch值进行循环训练
67.        for epoch in range(gConfig['epochs']):
68.            start = time.time()
69.            #将train_loss和train_accuracy初始化
70.            model.train_loss.reset_states()
71.            model.train_accuracy.reset_states()
72.
73.            #开始批量循环训练,每一步训练数据的大小都是一个批大小
74.            for (batch,(inp, target)) in enumerate(dataset_train.batch(gConfig['batch_size'])):
75.                start=time.time()
76.                loss = model.step(inp, target)
77.
78.                print ('训练集:Epoch {} Batch {} Loss {:.4f} ,prestep{:.4f}'.format(
79.                    epoch + 1, batch, loss.numpy(), (time.time()-start)))
80.
81.            #开始批量循环测试,每一步测试数据的大小都是一个批大小
82.            for (batch,(inp, target)) in enumerate(dataset_test.batch(gConfig['batch_size'])):
83.                start=time.time()
84.                loss = model.evaluate(inp, target)
85.
86.                print ('验证集:Epoch {} Batch {} Loss {:.4f} ,prestep{:.4f}'.format(
87.                    epoch + 1, batch, loss.numpy(), (time.time()-start)))
88.
89.            #保存训练的参数并打印相关信息
90.            ckpt_save_path=ckpt_manager.save()
91.
```

```
92.        print ('保存epoch{}模型在 {}'.format(epoch+1, ckpt_save_path))
93.
94. #定义文本转向量函数, 将文本语句转换为数字向量
95. def text_to_vector(inp):
96.    vocabulary_file=gConfig['vocabulary_file']
97.    tmp_vocab=[]
98.    #打开字典文件, 读取字典文件中的单词和对应的索引编号, 并保存在tmp_vocab中
99.    with open(vocabulary_file, "r") as f:
100.        tmp_vocab.extend(f.readlines())
101.    tmp_vocab=[line.strip() for line in tmp_vocab]
102.    #将读取的单词和索引编号构造成key-value形式的字典
103.    vocab=dict([(x,y) for (y,x) in enumerate(tmp_vocab)])
104.        line_vec=[]
105.    #使用构造的字典vocab将文本inp中的文字转换为在字典中对应的索引编号
106.    for words in inp.split():
107.        line_vec.append(vocab.get(words,UNK_ID))
108.    return line_vec
109.
110.#定义一个预测函数
111.def predict(sentences):
112.    #初始化分类标签, 分别是pos和neg, 也就是积极的和消极的数据
113.    state=['pos','neg']
114.    #对文本进行word2num转换
115.    indexes = text_to_vector(sentences)
116.
117.    inp = sequence.pad_sequences([indexes])
118.
119.    #对补全后的数据进行维度变换, 变换为一维数组
120.    inp=tf.reshape(inp[0],(1,len(inp[0])))
121.
122.    #将inp输入model.step函数中, 进行文本情感预测
123.    predictions= model.step(inp,inp,False)
124.    #对预测结果使用argmax得到概率最大元素对应的索引
125.    pred=tf.math.argmax(predictions[0])
126.
127.    #计算Tensor的值, 并转换为int类型
128.    p=np.int32(pred.numpy())
```

```
129.    #返回预测结果pos或者neg
130.    return state[p]
131.
132.if __name__ == "__main__":
133.    #如果是训练模式,则进行模型训练
134.    if gConfig['mode']=='train':
135.        train()
136.    #如果是服务模式,则运行Web应用程序
137.    elif gConfig['mode']=='serve':
138.        print('Sever Usage:python3 app.py')
```

6.4.5　Web 应用实现

Web 应用主要完成页面交互、图像格式判断、图像上传以及预测结果的返回展示。这里我们使用 Flask 这个轻量级 Web 应用框架来实现简单的页面交互和预测结果展示功能。

```
1.  # coding=utf-8
2.  # 导入所需要的依赖包
3.  from flask import Flask, render_template, request, make_response
4.  from flask import jsonify
5.  import time
6.  import threading
7.  import execute
8.
9.  #定义心跳检测函数
10.
11. def heartbeat():
12.     print (time.strftime('%Y-%m-%d %H:%M:%S - heartbeat',
    time.localtime(time.time())))
13.     timer = threading.Timer(60, heartbeat)
14.     timer.start()
15. timer = threading.Timer(60, heartbeat)
16. timer.start()
17.
18. #实例化一个Flask应用
19. app = Flask(__name__,static_url_path="/static")
20. #为reply函数添加一个路由入口
```

```
21.  @app.route('/message', methods=['POST'])
22.
23.  #定义应答函数，用于获取输入信息并返回相应的答案
24.  def reply():
25.      #从请求中获取参数信息
26.      req_msg = request.form['msg']
27.      #对获取的文本进行文本情感分析
28.      res_msg = execute.predict(req_msg)
29.
30.      #将分析结果以JSON格式返回
31.      return jsonify( { 'text': res_msg } )
32.
33.  """
34.  jsonify:用于处理序列化JSON数据的函数，就是将数据组装成JSON格式返回
35.  """
36.  #添加默认路由入口
37.  @app.route("/")
38.  def index():
39.      return render_template("index.html")
40.
41.  # 启动app
42.  if (__name__ == "__main__"):
43.      app.run(host = '0.0.0.0', port = 8808)
```

第 7 章
基于 TensorFlow Serving 的模型部署实践

在日常的生产应用中，我们需要将训练好的神经网络模型部署到生产环境中，并能够以服务的形式提供给生产应用。基于 TensorFlow 编写的神经网络模型部署有两种方案可以选择：一是基于 Flask 等 Web 框架；二是基于 TensorFlow Serving。在前面的章节中介绍了使用 Flask 作为部署框架的方案，本章将介绍使用 TensorFlow Serving 进行模型部署的方案，并以训练好的基于 CNN 的 CIFAR-10 图像分类模型为部署案例（见第 3 章）。

7.1 TensorFlow Serving 框架简介

TensorFlow Serving 是一个高性能、开源的机器学习服务系统，为生产环境部署及更新 TensorFlow 模型而设计。TensorFlow Serving 能够让训练好的模型更快、更易于投入生产环境中使用，提供了高效、高可用的模型服务治理能力。

TensorFlow Serving 包含四个核心模块，分别是 Servable、Source、Loader 和 Manager，笔者根据对官方文档的研究，以这四个模块为基础绘制出 TensorFlow Serving 的整体架构，如图 7-1 所示。

第 7 章 基于 TensorFlow Serving 的模型部署实践

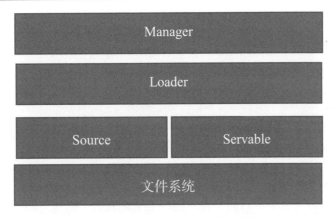

图 7-1　TensorFlow Serving 的整体架构图

7.1.1　Servable

Servable 是用于执行计算的底层对象。单个 Servable 的大小和粒度是灵活可变的，因此其可以包括从单个模型到多个模型组合的所有信息。为了保证灵活性和可扩展性，Servable 可以是任意类型或者接口，比如 Streaming result、Experimental API、Asynchronous modes of operation 等。

7.1.2　Source

Source 的作用是在文件系统中查找并提供 Servable，每个 Source 可以提供多个 Servable stream，并会为每个 Servable stream 提供一个 Loader 实例，使其可以被加载或者调用。

Source 可以在不同的文件系统中查找可用的 Servable，并且支持 RPC 协议进行远程调用。

7.1.3　Loader

Loader 的作用是对 Servable 的生命周期进行管理。Loader API 是一个独立于学习算法、数据或者产品用例的公共组件，并且可以使用标准化 API 来加载或消亡一个 Servable。

7.1.4　Manager

Manager 会监听 Source 来跟踪所有的 Servable 版本，在资源充足的情况下，

Manager 会加载从 Source 监听到的所有需要加载的 Servable，但是当资源不足时会拒绝加载 Servable 的新请求。在 Manager 中支持基于策略的 Servable 卸载管理，当策略是保证在所有时间内至少有一个 Servable 版本被加载时，在新的 Servable 完成加载前 Manager 会延迟卸载老版本的 Servable。

7.2 TensorFlow Serving 环境搭建

TensorFlow Serving 环境搭建有基于 Docker 和 Ubuntu 16.04 两种方式，其中基于 Docker 的搭建方式具有跨平台、操作简单的特点，但是屏蔽了搭建细节；基于 Ubuntu 16.04 的搭建方式则要求掌握一定的 Linux 环境的软件安装知识。

7.2.1 基于 Docker 搭建 TensorFlow Serving 环境

使用 Docker 搭建 TensorFLow Serving 环境是非常方便和快捷的，在安装好 Docker 环境之后，可以直接使用如下命令完成 Docker 镜像的下载和运行。

```
1. docker pull tensorflow/serving
2. #以部署ResNet模型为例
3. docker run -p 8500:8500 -p 8501:8501 --name tfserving_resnet \
4. --mount type=bind,source=/tmp/resnet,target=/models/resnet \
5. -e MODEL_NAME=resnet -t tensorflow/serving
```

其中，TensorFlow Serving 默认的 8500 是 gRPC 端口，8501 为 REST API 服务端口。

7.2.2 基于 Ubuntu 16.04 搭建 TensorFlow Serving 环境

如果基于 Ubuntu 16.04 或者其他 Linux 版本系统搭建 TensorFlow Serving 环境，则过程稍微复杂一些，具体的安装命令如下：

```
1. #先移除旧版本的TensorFlow Server
2. apt-get remove tensorflow-model-server
3. #增加安装源
4. apt-get install curl
5. echo "deb [arch=amd64] http://storage.googleapis.com/tensorflow-
   serving-apt stable tensorflow-model-server tensorflow-model-server-
```

```
   universal" | sudo tee /etc/apt/sources.list.d/tensorflow-serving.
   list &&
6. curl https://storage.googleapis.com/tensorflow-serving-apt/
   tensorflow-serving.release.pub.gpg | sudo apt-key add -
7.
8. #更新源并安装最新版本的TensorFlow Server
9. apt-get update && apt-get install tensorflow-model-server
10.
11. #在安装完成后，需要更新TensorFlow Server的版本
12. apt-get upgrade tensorflow-model-server
```

7.3 API 详解

在本章的编程实践中，我们会使用到三个主要的 API，分别是 tf.keras.models.load_model、tf.keras.experimental.export_saved_model 和 tf.keras.backend.set_learning_phase。

7.3.1 tf.keras.models.load_model

tf.keras.models.load_model 提供了模型文件的加载功能，在使用该 API 时可以配置如下参数。

- filepath：配置模型文件的存储路径。
- custom_objects：配置自定义网络对象的名称，以重新恢复自定义的网络对象。
- compile：配置加载后的模型是否需要重新编译。

7.3.2 tf.keras.experimental.export_saved_model

tf.keras.experimental.export_saved_model 提供了模型的导出和保存功能，为了能够使用 TensorFlow Serving 进行部署，需要使用 tf.keras.experimental 中的 export_saved_model 方法以固定的格式将重新加载的模型导出。在使用该 API 时，可以配置的参数如下。

- model：配置需要导出的模型，必须是 tf.keras.Model。
- saved_model_path：配置模型导出的文件路径。

- custom_objects：配置自定义的神经网络对象的名称，比如自定义的网络层。
- serving_only：配置是否只进行模型部署，不再进行迭代训练，默认是否。

7.3.3　tf.keras.backend.set_learning_phase

tf.keras.backend.set_learning_phase 提供了在模型中学习模式的设置功能，可以将学习模式设置为 0 或者 1，0 代表测试模式，1 代表训练模式。在使用该 API 时，可以配置的参数如下。

- value：设置为 0 或者 1，0 代表测试模式，1 代表训练模式。

7.4　项目工程结构设计

如图 7-2 所示，整个项目工程结构分为两部分：文件夹和代码文件，在编程实践中强烈建议采用文件夹和代码文件的方式来设计项目工程结构。所谓的文件夹和代码文件的方式就是指把所有的 Python 代码文件放在根目录下，其他需要存放的静态文件、训练数据文件和模型文件等都放在文件夹中。

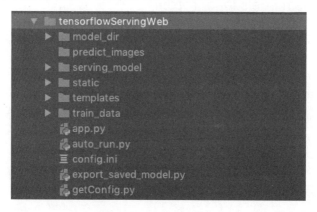

图7-2　项目工程结构

本项目分为三个部分，分别是模型文件导出模块、模型文件部署模块和 Web 应用模块。模型文件导出模块提供了将已经加载的模型导出 TensorFlow Serving 部署所需的文件；模型文件部署模块提供了 TensorFlow Serving 部署功能；Web 应用模块提供了可视化人机交互功能。

在文件夹中，model_dir 存放训练完成的模型文件，predict_images 存放我们上传的需要预测的图像，serving_model 存放 TensorFlow Serving 部署所需的文件，static 和 templates 存放 Web 应用程序所需的 HTML、JS 等静态文件。

7.5 项目实现代码详解

本章的项目实现代码会在 GitHub 上开源，本节主要对源代码进行详细注释和讲解相应的编程知识点。项目实现代码包括工具类实现、模型文件导出模块实现、模型文件部署模块实现、Web 应用模块实现的代码。

7.5.1 工具类实现

在实际的项目中，我们往往需要对参数进行频繁的调整，因此这里定义一个工具类来读取配置文件中的配置参数，这样在调参时只需要对配置文件中的参数进行调整，即可实现对全部参数的调整。

```
1.  #引入configparser包，它是Python中用于读取配置文件的包，配置文件的格式为：[]（其中包含的为section）
2.  import configparser
3.  #定义读取配置文件函数，分别读取section的配置参数，section包括ints、floats、strings
4.  def get_config(config_file='config.ini'):
5.      parser=configparser.ConfigParser()
6.      parser.read(config_file)
7.      #获取整型参数，按照key-value的形式保存
8.      _conf_ints = [(key, int(value)) for key, value in parser.items('ints')]
9.      #获取浮点型参数，按照key-value的形式保存
10.     _conf_floats = [(key, float(value)) for key, value in parser.items('floats')]
11.     #获取字符型参数，按照key-value的形式保存
12.     _conf_strings = [(key, str(value)) for key, value in parser.items('strings')]
13.     #返回一个字典对象，包含所读取的参数
14.     return dict(_conf_ints + _conf_floats + _conf_strings)
```

对应本章项目中的神经网络超参数的配置文件如下：

```
1.  [strings]
```

```
2.  #配置模型文件路径
3.  model_file = model_dir/cnn_model.h5
4.  #配置部署模型文件路径
5.  exeport_dir = serving_model/2
6.
7.  [ints]
8.  #配置服务端口
9.  server_port=9000
10.
11. [floats]
```

7.5.2 模型文件导出模块实现

模型文件导出模块实现将模型文件从.h5格式导出为Tensorflow Sering所需的模型文件格式。

```
1.  #导入所需要的依赖包
2.  import tensorflow as tf
3.  import getConfig
4.  gConfig={}
5.  gConfig=getConfig.get_config(config_file='config.ini')
6.
7.  #将学习模式设置为0，0代表测试模式，1代表训练模式
8.  tf.keras.backend.set_learning_phase(0)
9.  #加载已经训练完成的模型
10. model = tf.keras.models.load_model(gConfig['model_file'])
11. export_path = gConfig['exeport_dir']
12. #使用tf.keras.experimental中的export_saved_model方法完成模型文件的导出
13. tf.keras.experimental.export_saved_model(model,
                                             export_path,
                                             serving_only=True)
14.
15. print('模型导出完成，并保存在：',export_path)
```

7.5.3 模型文件部署模块实现

模型文件部署模块主要实现对Tensorflow Serving服务的启动和停止。

```
1.  #导入所需要的依赖包
2.  import os
3.  import signal
4.  import subprocess
5.  import getConfig
6.  #从配置文件中获取配置参数
7.  gConfig={}
8.  gConfig=getConfig.get_config()
9.  tf_model_server=''
10. 
11. try:
12.     #先启动TensorFlow Serving服务，完成模型的部署
13.     tf_model_server = subprocess.Popen(["tensorflow_model_server "
14.                         "--model_base_path=gConfig['exeport_dir'] "
15.                         "--rest_api_port=gConfig['server_port'] "
16.                         --model_name=ImageClassifier"],
17.                         stdout=subprocess.DEVNULL,
18.                         shell=True,
19.                         preexec_fn=os.setsid)
20.     print("TensorFlow Serving 服务启动成功")
21. 
22.     #以下实现退出机制，保证同时退出Tensorflow Serving服务
23.     while True:
24.         print("输入q或者exit,回车退出运行程序: ")
25.         in_str = input().strip().lower()
26.         if in_str == 'q' or in_str == 'exit':
27.             print('停止所有服务...')
28.             os.killpg(os.getpgid(tf_model_server.pid), signal.SIGTERM)
29. 
30.             print('服务停止成功！')
31.             break
32.         else:
33.             continue
34. except KeyboardInterrupt:
35.     print('停止所有服务中…')
36.     os.killpg(os.getpgid(tf_model_server.pid), signal.SIGTERM)
37.     print('所有服务停止成功')
```

7.5.4　Web 应用模块实现

Web 应用模块主要实现预测、图片上传、预测结果返回等功能。

```
1.   import flask
2.   import werkzeug
3.   import os
4.   import scipy.misc
5.   import getConfig
6.   import requests
7.   import pickle
8.   from flask import request, jsonify
9.   import numpy as np
10.  from PIL import Image
11.  gConfig = {}
12.  gConfig = getConfig.get_config(config_file='config.ini')
13.
14.  #实例化一个Flask应用,命名为imgClassifierWeb
15.  app = flask.Flask("imgClassifierWeb")
16.  #定义预测函数
17.  def CNN_predict():
18.      # 获取图片分类名称存放的文件
19.      file = gConfig['dataset_path'] + "batches.meta"
20.      # 读取图片分类名称,并保存到一个字典中
21.      patch_bin_file = open(file, 'rb')
22.      label_names_dict = pickle.load(patch_bin_file)["label_names"]
23.      # 全局声明一个文件名
24.      global secure_filename
25.      # 从本地目录中读取需要分类的图片
26.      img = Image.open(os.path.join(app.root_path, secure_filename))
27.      # 将读取的像素格式转换为RGB,并分别获取RGB通道对应的像素数据
28.      r,g,b=img.split()
29.      # 分别将获取的像素数据放入数组中
30.      r_arr=np.array(r)
31.      g_arr=np.array(g)
32.      b_arr=np.array(b)
33.      # 将三个数组进行拼接
34.      img=np.concatenate((r_arr,g_arr,b_arr))
```

```
35.    # 对拼接后的数据进行维度变换和归一化处理
36.    image=img.reshape([1,32,32,3])/255
37.    # 将处理后的数据组装成JSON格式
38.    payload=json.dumps({"instances":image.tolist()})
39.
40.    # 通过API的方式调用已经部署的模型服务，结果以JSON格式返回
41.    predicted_class=requests.post('http://localhost:9000/v1/models/ImageClassifier:predict',data=payload)
42.
43.    # 使用json.loads解析返回的结果，并获得predictions对应的值
44.    predicted_class=np.array(json.loads(predicted_class.text)["predictions"])
45.
46.    # 使用agrmax获取预测结果的最大值元素对应的索引，并在字典中查出对应的分类名称
47.    index = tf.math.argmax(predicted_class[0]).numpy()
48.    predicted_class=label_names_dict[index]
49.
50.    # 将返回的结果用页面模板渲染出来
51.    return flask.render_template(template_name_or_list="prediction_result.html", predicted_class=predicted_class)
52.
53. app.add_url_rule(rule="/predict/", endpoint="predict", view_func=CNN_predict)
54.
55. def upload_image():
56.    global secure_filename
57.    if flask.request.method == "POST":    # 设置request的模式为POST
58.        # 获取需要分类的图片
59.        img_file = flask.request.files["image_file"]
60.        # 生成一个没有乱码的文件名
61.        secure_filename = werkzeug.secure_filename(img_file.filename)
62.        # 获取图片的保存路径
63.        img_path = os.path.join(app.root_path, secure_filename)
64.        # 将图片保存在应用的根目录下
65.        img_file.save(img_path)
66.        print("图片上传成功.")
67.        return flask.redirect(flask.url_for(endpoint="predict"))
```

```
68.     return "图片上传失败"
69.
70. #添加图片上传的路由入口
71. app.add_url_rule(rule="/upload/", endpoint="upload", view_func=
    upload_image, methods=["POST"])
72.
73. def redirect_upload():
74.     return flask.render_template(template_name_or_list=
    "upload_image.html")
75. #添加默认主页的路由入口
76. app.add_url_rule(rule="/", endpoint="homepage", view_func=
    redirect_upload)
77. if __name__ == "__main__":
78.     app.run(host="0.0.0.0", port=7777, debug=False)
```

参考资料

[1] Python 基础教程. https://www.runoob.com/python/python-variable-types.html.

[2] pandas 0.25.2 documentation.

https://pandas.pydata.org/pandas-docs/stable/user_guide/indexing.html.

[3] Pillow Handbook.

https://pillow.readthedocs.io/en/stable/handbook/tutorial.html#geometrical-transforms.

[4] TensorFlow 2.0 Preview.

https://www.tensorflow.org/versions/r2.0/api_docs/python/tf.

[5] TensorFlow 2.0 指南. https://www.tensorflow.org/guide?hl=zh-cn.

[6] 如何用 Keras 从头开始训练一个在 CIFAR10 上准确率达到 89%的模型.

https://zhuanlan.zhihu.com/p/29214791.

[7] CNN 初学者——从这入门.

https://blog.csdn.net/kanghe2000/article/details/70940491.

[8] 伊恩.古德费洛，约书亚.本吉奥，亚伦.库维尔. 深度学习. 赵申剑，黎彧君，符天凡，李凯，译. 北京：人民邮电出版社，2017 年 8 月.

[9] TensorFlow 2.0 Tutorial. https://www.tensorflow.org/beta/?hl=zh-cn.

[10] 带你理解 CycleGAN，并用 TensorFlow 轻松实现.

https://zhuanlan.zhihu.com/p/27145954.

[11] CycleGAN Tutorial.

https://www.tensorflow.org/beta/tutorials/generative/cyclegan.

[12] Transformer 详解. https://zhuanlan.zhihu.com/p/44121378.

[13] Transformer model for language understanding.

https://www.tensorflow.org/beta/tutorials/text/transformer.

[14] Tensorflow Serving 部署流程. https://zhuanlan.zhihu.com/p/42905085.

[15] Using the SavedModel format. https://www.tensorflow.org/beta/guide/saved_model.

[16] Architecture TFX. https://www.tensorflow.org/tfx/serving/architecture.